Erik Lindner
Coachingwahn

Erik Lindner

COACHINGWAHN
Wie wir uns hemmungslos optimieren lassen

Econ

Econ ist ein Verlag
der Ullstein Buchverlage GmbH

ISBN: 978-3-430-20101-8

© Ullstein Buchverlage GmbH, Berlin 2011
Dieses Werk wurde vermittelt durch
Aenne Glienke | Agentur für Autoren und Verlage,
www.AenneGlienkeAgentur.de
Alle Rechte vorbehalten
Gesetzt aus der Sabon
Satz: Pinkuin Satz und Datentechnik, Berlin
Druck und Bindearbeiten: CPI – Clausen & Bosse, Leck
Printed in Germany

Erik Lindner

COACHINGWAHN
Wie wir uns hemmungslos optimieren lassen

Econ

Econ ist ein Verlag
der Ullstein Buchverlage GmbH

ISBN: 978-3-430-20101-8

© Ullstein Buchverlage GmbH, Berlin 2011
Dieses Werk wurde vermittelt durch
Aenne Glienke | Agentur für Autoren und Verlage,
www.AenneGlienkeAgentur.de
Alle Rechte vorbehalten
Gesetzt aus der Sabon
Satz: Pinkuin Satz und Datentechnik, Berlin
Druck und Bindearbeiten: CPI – Clausen & Bosse, Leck
Printed in Germany

INHALT

Einleitung
Zum Thema dieses Buches 7
Was ist Coaching? Von Ratlosigkeit,
   Wertschätzung und Hybris 11

Der Coach
Guter Coach, wo bist du? Eine Typologie
   der Anbieter 23
Zu Ausbildung und Technik 42
Bindestrich-Coaching 68
Surfer auf der Coaching-Welle 84
Sektierer und Spirituelle 93
Coaches mit Kutte 104

Die Coachees
Wie es laufen kann. Beispiele aus Business
   und Life Coaching 111
Kunden und Klienten im Optimierungsdruck 121
Nutzen und Erfolg 132

Die Coaching-Branche
Geschäftspotential und
   Wertschöpfungsketten 151
Querelen und Verbände 165
Kritisches und Kritik 175
Grenzüberschreitungen 188
Zukunftsmusik 196

Fazit 209

Anhang
Anmerkungen 215
Literaturverzeichnis 223
Glossar 226
Homepages und Verbände 230
Nachbemerkung und Dank 235

EINLEITUNG

Zum Thema dieses Buches

Die Coaching-Branche ist innerhalb der letzten Jahre geradezu exponentiell gewachsen. Längst ist sie zu einer Dienstleistungsindustrie geworden. Sie bietet sowohl methodisch fundierte, lösungsorientierte Prozesse an als auch jegliche Art von kuriosen Blüten und windigen Versprechungen. Sogar ausgebuffte Abzockereien sind ihr nicht fremd. Unter dem modernen Label Coaching werben immer mehr Anbieter um die mehr oder minder zahlungskräftigen Kunden. Der Katalog an Leistungen ist längst über die berufliche Sphäre hinausgewachsen und erstreckt sich jetzt sogar auf die intimen Bereiche des Alltags und des Privaten. So gibt es mittlerweile längst nicht mehr nur Management Coaching, Business Coaching, Coaching für berufliche Neuorientierung, Existenz- und Unternehmensgründung, Unternehmensdarstellung, Kundengewinnung, Personalentwicklung, Zeit- und Projektmanagement, Leistungsentwicklung, Coaching zwecks Burnout-Prävention, sondern auch Coaching für gesundheitliches Gleichgewicht, für Persönlichkeitsentfaltung zur Partnerfindung, gegen Prüfungsblackout, Education Coaching, Lehr-Coaching, Ernährungs-Coaching, Life Coaching, Familien-Coaching, Partner & Sexuality-Coaching, Psychosoziales Coaching, Crash-Coaching, Knigge-Coaching, Art-Coaching, Aufräum-Coaching,

Lama-Coaching, Coaching wegen Erfolgsboykott und Mobbing ...

Die Verheißungen der Coaches klingen so umfassend wie superlativ: Sie führen ihre Klienten etwa durch einen Prozess der im Zweiergespräch begleiteten Selbstreflexion im Beruf – und darüber hinaus zu Klarheit, Erfolg und Freude, zu Wachstum, Kreativität, neuen Handlungsspielräumen und zur Steigerung der Ausdrucksfähigkeit. Dank der Coaches kann ein jeder Wünsche wie auch Bedürfnisse erkennen und verwirklichen, Ziele definieren und erreichen, ja sogar das eigene Handeln in Einklang mit den inneren Werten bringen. Wer sehnt sich nicht nach einem lebensklugen Fragesteller und motivierenden Impulsgeber an seiner Seite, der einem den wirklich richtigen Weg zu sich selbst und damit zu einem gelingenden Berufs- und Privatleben eröffnet?

Die Kunden waren bis vor einigen Jahren vorwiegend Unternehmen, die für ihr Top-Management professionelle Orientierungshelfer von außen heranzogen; solche größeren Firmen also, die auch Unternehmensberater ins Haus holen. Mittlerweile hat sich das Nutzerspektrum deutlich ausgeweitet und ausdifferenziert. Nun ist es in zahlreichen Berufsfeldern auch auf der mittleren Führungsebene üblich, sich Hilfe beim Coach zu holen. Etwa für jene, die bei der Arbeit mehr Verantwortung übernehmen müssen, sich gehemmt fühlen oder Furcht vor einem Burnout haben. Sie alle streben durch die Identifizierung ihrer Potentiale sowie die Überwindung struktureller wie individueller Probleme ein effizienteres Handeln an. Sie konsultieren Coaches, egal ob es sich um die Optimierung von Karrierefragen und Arbeitsprozessen oder aber um die Konfliktlösung innerhalb der Hierarchien und zwischen gleichrangigen Kollegen handelt. Für mehrere Hunderttausend Klienten in Deutschland pro Jahr gilt: Der Coach ist ihr Lotse durch die Fährnisse des Arbeitslebens. Dafür werden durchschnittliche Stundensätze von 150 Euro, an der Spitze sogar ein Mehrfaches davon, gezahlt.

Life Coaching ist als weitere Arbeitsebene von Coaches hinzugekommen. Mittlerweile wird zu allen erdenklichen Bereichen des Lebens außerhalb von Beruf und Karriere Wegbegleitung und Beratung angeboten, wobei sich fundiert ausgebildete Psychologen oder spätberufene Autodidakten unter den Anbietern tummeln. Die Life Coaches befassen sich mit Sinnfragen, Beziehungsstress und Zahnarztphobie, sie geben den Optimierungsassistenten beim Aufräumen oder Schuldentilgen, sie wenden sich an Menschen jedweder Couleur. Auch wenn diese Dienste mitunter nicht nur hilfreich, sondern oft eher banal und überflüssig erscheinen, kosten sie in jedem Fall Geld. Sie sind Teil des Geschäfts.

Warum ist es in jüngster Zeit so sehr in Mode gekommen, sich coachen zu lassen? Wie entstand die massenhafte Nachfrage nach oft teuer bezahlter persönlicher Beratung? Wie kommt es, dass für bald jeglichen Bereich des Daseins ein individuelles Coaching angeboten wird? Ist der hohe Stellenwert dieser Dienstleistung berechtigt oder überbewertet – wirkt das Coaching vielleicht eher wie ein Placebo, bei dem der Glaube an die Wirksamkeit das Leiden lindert? Wie sieht die Kosten-Nutzen-Relation aus? Wer sind überhaupt diese Experten, die dem Einzelnen dazu verhelfen, praktische Antworten auf die wesentlichen Fragen seiner Existenz zu finden? Wie werden sie ausgebildet, und wie kompetent sind sie? Als Coach arbeiten Psychologen, Betriebswirtschaftler, Unternehmensberater, Juristen oder Teamtrainer, was nicht unproblematisch ist, denn Coaching ist beispielsweise etwas völlig anderes als Training von Gruppen. Worauf also basiert ihre Fähigkeit und Autorität, über persönlichste, gar intime Sachverhalte mit völlig Unbekannten zwecks Decodierung von Verhaltensmustern und Systemen ergebnisorientiert ins Gespräch zu kommen, ohne dabei in therapeutische Gewässer zu geraten? Schließlich wendet sich Coaching definitionsgemäß ausschließlich an gesunde, nicht an kranke Personen, im Gegensatz zur Psychotherapie.

Entstand der große Bedarf nach Coaches parallel zum Umbau der Arbeitswelt, weil mit den damit verbundenen Verunsicherungen das Vertrauen auf die eigene Urteils- und Entwicklungsfähigkeit verloren ging? Zwingen die neuen Formen des Berufslebens, die von Unternehmensberatern, Fusionen, globalisierten Arbeitsprozessen oder nachlassender Bindungsintensität zwischen Firma und Mitarbeiter gekennzeichnet sind, bald alle Beteiligten in die Arme des Coaches? Wird er als Ersatz für Hilfestellungen benötigt, die früher von Familie, Freunden, Kirche oder beruflicher Kollegialität gewährt wurden? Ist die heute angebotene Coaching-Palette ein Indikator für den fragmentierten, immer zusammenhangloser werdenden Zustand der Gesellschaft, die den Einzelnen auf eine ständige berufliche wie persönliche »Performance« und »Optimierung« trimmt?

Die hier aufgeworfenen Fragen möchte das vorliegende Buch beantworten, eingebettet in ein lebendiges, kontroverses und investigatives Porträt der immer noch jungen Coaching-Branche. In ihr finden sich die verschiedensten Schulen und Verbände, sie ist von hoher Kompetenz geprägt, aber auch von Konkurrenzgebaren, Narzissmus und Trittbrettfahrern. Sie setzt in Deutschland bald an die 300 Millionen Euro jährlich um und entwickelt sich unaufhörlich weiter. Genügend Stoff also, über den sich schreiben lässt.

Was ist Coaching? Von Ratlosigkeit, Wertschätzung und Hybris

Die Eingangsfrage klingt denkbar simpel, die Antworten aber fallen irritierend vielfältig aus: Auf die Frage »Was ist Coaching?« wissen viele Coaches, also solche, die genau diese Dienstleistung anbieten, keine bündige Antwort zu geben. Der in Berlin tätige Routinier Uwe Fenner meint etwa, es sei leichter zu sagen, was Coaching nicht ist. Es unterscheide sich beispielsweise deutlich vom Medientraining, das darauf abzielt, Klienten im Umgang mit Journalisten, Mikrophonen und Kameras zu schulen.[1] Gianna Possehl aus Hamburg, die im fünften Jahr als Business Coach arbeitet, bringt es auf die Formel: »Coaching ist kein Wellness!« Schließlich weiß sie, wie anstrengend der bei ihr meist über mehrere Monate laufende Dialog für den Klienten sein kann.[2] Ihr Fachkollege Roland Jäger aus Wiesbaden findet eine salomonischer klingende, aber dennoch vage Beschreibung, indem er sagt: »Coaching ist eine individualisierte, persönliche Dienstleistung.«[3] Das freilich könnten genauso gut Juristen, Friseure oder Prostituierte über ihre eigene Tätigkeit sagen.

Etwas geschliffenere Formulierungen meint man auf

den Homepages von Coaches erwarten zu dürfen, doch auch hier zeigt sich kein klares Bild, wie der Definitionsversuch der Berliner Coaching Spirale GmbH zeigt. Der am Kreuzberger Spreeufer nahe der pittoresken Oberbaumbrücke gelegene Anbieter textet: »Coaching ist ein sehr persönlicher und individueller Prozess, der Weiterentwicklung und Wachstum anregt und unterstützt.«[4] Für manche Klienten stünden Beruf, Karriere oder Umorientierung, für andere wiederum »Möglichkeiten zur Steigerung des persönlichen Selbstausdrucks« oder private Beziehungen im Vordergrund. Die von der diplomierten Betriebswirtin und Psychologin Alexandra Schwarz-Schilling geführte Berliner Firma bringt es auf der Homepage auf den Gemeinplatz, es ginge in jedem Fall darum, »den nächsten Schritt im Leben zu machen«. Dafür müssten die Klienten lernen, »unförderliche Denk-, Fühl- und Verhaltensmuster zu erkennen und zu wandeln und sich in Übereinstimmung mit ihren inneren Werten und Bedürfnissen klar auszurichten«. Es geht demnach um einen Reflexions- und Optimierungsprozess in allen erdenklichen Bereichen des Lebens. Das ist eine komplizierte Sache, kein Wunder also, wenn sich selbst die berufsbedingt beredten Coaching-Anbieter schwertun mit klaren Worten über ihr Arbeitsfeld.

Oft sind es die Kunden, die präziser formulieren, was Coaching für sie ist. Schließlich erleben sie an der eigenen Person, wie sich diese Dienstleistung auf ihr Arbeits- und Privatleben auswirkt. Für manche ist Coaching etwa ein wertvoller Baukasten für den inneren Check-up, der dem Verschleiß der Kräfte durch die Alltagsroutinen entgegenwirkt. Es dient der Burnout-Prävention. Coaching im Berufskontext steht aber für den größten Nutzerkreis auch im Ruf des Karrierebeschleunigers und stellt mittlerweile sogar eine Art Gütesiegel dar. Wer sich für mehrere Tausend Euro coachen lässt, der besitzt zweifelsohne Potential, denn sein Arbeitgeber investiert im Zuge der Personal- oder Führungskräfteentwicklung in einem herausragenden Maße in ihn.

Die Münchnerin Sabine Asgodom, die schon über anderthalb Jahrzehnte in der Branche arbeitet, bringt es auf die knappe Formel: »Die Besten lassen sich coachen!«[5] Im Umkehrschluss heißt dies, dass diejenigen, die nicht für ein Coaching in Frage kommen, noch nicht weit genug aufgestiegen sind, zur grauen Masse der weniger förderungswürdigen oder gar nicht karrierefähigen Mitarbeiter gehören. Coaching als Statussymbol? Früher sahen Führungskräfte das Autotelefon als Beleg dafür, »es geschafft zu haben«. Heute sei Coaching der Indikator für den Aufstieg in die Riege der Entscheider.[6] Isabella Heuser, Psychiaterin an der Berliner Charité, schlägt die Definition vor: »Coaching ist Psychotherapie des Gesunden.«[7] Es hilft Menschen, deren Fähigkeit zur Selbststeuerung nicht beeinträchtigt ist, sich gezielt und systematisch zu verändern. Der Zweck des Coachings ist nicht wie bei der Psychotherapie die rückwärtsgewandte Aufklärung über Traumata und die Auflösung von Neurosen, sondern die gegenwarts- und zukunftsorientierte Optimierung der vorhandenen Stärken.

Wer sich in den achtziger und neunziger Jahren zum Psychotherapeuten begab, der hatte ernste Probleme, persönlich oder beruflich, die von einer diagnostizierbaren psychischen Erkrankung herrührten. Die Therapie wurde in der Regel konsequent verschwiegen oder nur im engen Familien- und Freundeskreis erwähnt. »Therapie«, das hat etwas Pathologisches, Klinisches, eben weil es um Krankheit geht, Sucht beispielsweise, Traumatisierungen oder gar gefährliche Depressionen. Kaum jemand schritt durch die Flure seiner Firma und verkündete selbstbewusst, er lasse sich therapieren.

Mit dem Coaching ist es heutzutage anders, denn hier ist man nicht behandlungsbedürftiger Patient, sondern Klient auf Augenhöhe. Man spricht heute darüber, wie über das neueste iPhone. Welcher Anbieter ist es? Wie hoch ist der Tagessatz? Welche Methode wird angewandt? Damit lässt sich schließlich der eigene Status demonstrieren. Jemand, der einen Business Coach in Frankfurt zu 450 Euro die Stunde konsultiert, gehört der Führungselite an, oder?

Was also ist Coaching? Ein über das Preisniveau Distinktion schaffendes, hochaktuelles Orientierungsinstrument, oder eine stylisch aufgeblasene Modeerscheinung? Beides – und noch mehr: So ist es ebenfalls ein vielversprechendes Geschäftsfeld für Autoren, die jedes Jahr aufs Neue eine Fülle von Coaching-Literatur publizieren, um damit aufseiten der Coaches Aus- und Weiterbildung zu fördern oder etwa Interessen von selbsternannten Vordenkern und Verbänden zu promoten. Der Computer des Buchhändlers zeigt bei der Recherche nach dem Schlagwort »Coaching« im Sommer 2010 erstaunliche 1328 Titel an. Zu allen erdenklichen Spielarten des Coachings ist eine Fülle von Büchern lieferbar. Für individuelle Käuferkreise sind die Selbsthilfe- und Ratgeberbücher bestimmt, deren Palette von Entspannungsleitfaden *Antistresscoach* bis zu wunderlichen Dingen wie *Zukunfts Coaching. Träume Dein Leben und lebe Deinen Traum!* reicht. Der weitaus größere Teil aber ist Fachliteratur. Angesichts der derzeit etwa 50 000 als Coaches im deutschsprachigen Raum auftretenden Anbieter erscheint die Lehrbuchschwemme kaum bemerkenswert.[8] Sie ist ein Indiz dafür, wie immens die Nachfrage bei den in der Ausbildung befindlichen Neulingen dieser Branche und den etablierten, aber weiterbildungswilligen Coaches ist. Für die Autoren – oft selber Coaches – und Verlage ist das ein lohnendes Geschäft.

In einem dieser Bücher, das den kaum zu überbietenden Untertitel *Erfolg im 21. Jahrhundert* trägt, ist zu lesen: »Coaching zerstört spontan Bürokratie, vernichtet die toten Teile des Systems, eröffnet den lebendigen, atmenden Teilen der Unternehmen neue Wege. Das sind die Mitarbeiter. Alte große Unternehmen müssen durch dieses Fegefeuer gehen und sterben als das, was sie sind. Aber sie müssen es tun. […] Coaches sind die Hebammen der neuen Service-Ökonomie. Sie bringen die neuen Typen von Unternehmen und Unternehmern hervor.«[9]

Das offenkundig überaus enthusiastische amerikanisch-deutsche Autorenduo erklärt, ein Standardwerk für die Branche geschrieben zu haben, an dem sich gerade Neueinsteiger und »wache Menschen« Erfolg versprechend orientieren können. Dem Klappentext zufolge gehe es um nichts weniger als darum, »die Globalisierung« nicht zu verpassen. Nun denn, es gehört ein gerüttelt Maß Selbstbewusstsein dazu, ein Buch zu schreiben, das den »›FührerInnen‹ von morgen« grundlegendes Wissen vermitteln und Richtschnur zugleich sein will. Es steht zu befürchten, dass sich so mancher der von dem Buch beflügelten Coaching-Novizen aufs Glatteis der Selbstüberschätzung führen lässt. Wenn Coaching als »Sport« und Wirtschaft als »Spiel« begriffen werden, bei dem Coaches als »die neuen Trainer« agieren, klingt das nicht nur übermütig, sondern schlicht leichtfertig.[10]

Losgelöst von Motivations- und Blenderrhetorik ist Coaching auf jeden Fall Folgendes: eine prozessorientierte, personenbezogene Gesprächsform unter vier Augen, die den Klienten anregt, eigenständig Lösungen zu finden. Sie war ursprünglich auf die Arbeitswelt und dort vornehmlich auf die Chefetage konzentriert. Im letzten Jahrzehnt wurde daraus eine auf zahlreiche Bereiche des Berufs- und Privatlebens ausgeweitete, immer stärker nachgefragte Dienstleistung. Sie wird derzeit in Deutschland von bis zu 40 000 Coaches zumeist in Metropolen angeboten, wobei das Schwergewicht in den Städten der alten Bundesrepublik liegt. Von dieser Heerschar dürfte nur etwa ein Sechstel mit wirklich professionellem Zuschnitt bezüglich Ausbildung, Kompetenz und Kundenfrequenz coachen. Methodisch ist das Coaching in zahlreiche Richtungen zerfasert. Es gibt kein einheitliches Erscheinungsbild und bislang keine wirklich maßgeblichen Verbände.

Tatsächlich wächst der Coaching-Markt kontinuierlich auf beiden Seiten: Die Zahl der Nutzer nimmt zu, und wegen der damit verbundenen wirtschaftlichen Attraktivität sowie der ungeschützten Berufsbezeichnung stoßen gleichzeitig immer mehr Anbieter in den Markt. Jeder kann sich ohne weiteres Coach nennen! Das führt zu stärkeren Preiskämpfen und teils fragwürdigen, teils absurden Angeboten, auf die noch näher einzugehen ist. Regulierende Maßnahmen von staatlicher Seite sind nicht zu erwarten. Dies könnten lediglich die Coaches selbst in die Hand nehmen, doch der Großteil von ihnen strebt kaum danach, branchenverbindliche Standards zu definieren. Schließlich sind die meisten von ihnen selbständige Kreative, die in Berufsverbänden oder institutionalisierten Kammern keinen wirklichen Nutzen erkennen mögen. Daher ist bislang nur ein Bruchteil der Coaches über Mitgliedschaften organisiert.

So finden sich zahlreiche Individualisten, die »von Intellektualität, Freigeist und Sendungsbewusstsein beseelt« seien und daher jede Form reglementierender Standardisierungen durch Verbände als »Freiheitsberaubung« empfinden würden.[11] Dies führt zu einer problematischen Seite des Coaching: Eine ganze Reihe derer, die ernsthaft coachen, heben innerlich ab und weisen einen überzogenen »Glauben an die eigene Großartigkeit« auf.[12] Darunter leiden zuallererst die Klienten, die vom selbstverliebten Coach den Eindruck vermittelt bekommen, er beherrsche alles und habe sein Leben gemeistert, während der zahlende Nutzer in Sack und Asche sitzend beeindruckt zur Lichtgestalt aufblicken müsse. Die Hybris narzisstischer Coaches gehört zu den Problemen des Berufsfeldes.

Es gibt eine ganze Reihe von Coaches mit Führungsanspruch, die ihre Arbeit nicht nur auf die Klienten konzentrieren, sondern mit Vorliebe auch als Autoren und als Dozenten im universitären Rahmen in Erscheinung treten. Ihrer Feder entstammen mitunter wichtige Publikationen, die die praktizierten Methoden thematisieren und Definitionen formulieren. Diese wiederum finden etwa über die Homepage des Deutschen Bundesverband Coaching (DBVC) Verbreitung. Dort wird erläutert: »Coaching ist die professionelle Beratung, Begleitung und Unterstützung von Personen mit Führungs- / Steuerungsfunktionen und von Experten in Unternehmen / Organisationen. Zielsetzung von Coaching ist die Weiterentwicklung von individuellen oder kollektiven Lern- und Leistungsprozessen bezüglich primär beruflicher Anliegen. Als ergebnis- und lösungsorientierte Beratungsform dient Coaching der Steigerung und dem Erhalt der Leistungsfähigkeit. Als ein auf individuelle Bedürfnisse abgestimmter Beratungsprozess unterstützt ein Coaching die Verbesserung der beruflichen Situation.«[13]

Warum existiert dafür überhaupt ein größerer Bedarf? Eine Antwort lieferte der Journalist Christian Schüle in der *Zeit*: »Nie war das Individuum freier und zugleich in seiner Freiheit gefangener als heute. Sein Bezugsrahmen ist eine Welt ohne Grenzen. Es muss permanent seine Exzellenz nachweisen, wird unablässig beobachtet und bewertet, ist auf sich allein gestellt, muss ständig wählen und entscheiden. Die Gefahr zu scheitern ist so groß wie die soziale Norm es nicht zu dürfen.«[14] In der Tat haben sich heute wesentliche Parameter der menschlichen Existenz verändert. Neue, anspruchsvolle Formen der Interaktion sind entstanden, Flexibilität und lebenslanges Lernen zum Dogma erhoben worden. Man muss in unserer Zeit ständig in Bewegung bleiben, um nicht das Gefühl zu bekommen zu stagnieren. Verlässliche, früher übliche Koordinaten geraten dabei immer mehr in den Hintergrund oder haben sich ganz verflüchtigt.

Beispielhaft dafür ist, dass sich zahlreiche leitende Mitarbeiter heutzutage Anforderungen ausgesetzt sehen, die kaum zu erfüllen sind. So suchen Unternehmen Führungskräfte, die als »einfühlsamer Rambo« agieren können.[15] Neben der obligaten Kreativität, Innovationsfreude und Führungsstärke sind Empathie, Nachdenklichkeit und Teamfähigkeit gefragt. Solchen Anforderungsprofilen kann aber eigentlich niemand entsprechen, es sei denn Menschen mit einer gespaltenen Persönlichkeit. Der Psychologe Oswald Neuberger stellte schon 2002 fest, dass sich Führungskräfte aufgrund unterschiedlicher Erwartungen an ihre Führungsrolle in einem Dilemma befinden.[16] Es stellt einen hochgradig schwierigen, wenn nicht unmöglichen Balanceakt dar, in diesen Spannungsfeldern sowohl zum Wohlgefallen seiner Vorgesetzten zu »performen«, seine Mitarbeiter sensibel zu führen und dabei noch mit sich selbst im Reinen zu sein.

Ohne Zweifel sind dazu nur die wenigsten von sich aus imstande. Das Gros orientiert sich an den Vorgaben von oben, arbeitet eher mit der groben Axt der Autorität als mit Empathie. Es gibt zahlreiche Fallen, in die Führungskräfte in den Unternehmen tappen: Bekommt eine Frau das Attribut »dominant« zugeschrieben, wird ihr unterstellt, sie habe ihre weibliche Seite dem Aufstiegsehrgeiz geopfert. Gilt ein Mann als »sensibel«, dann steht er schnell im Ruf, ein schwacher Chef zu sein.[17] Stress, Blockaden und Fehlreaktionen bei den Betroffenen sind die Folge. Aus eigener Kraft – ohne die entsprechende professionelle Begleitung – lassen sich diese Spannungsverhältnisse oft nicht auflösen. Ein guter Coach hat nicht nur den Anspruch, sondern auch das Repertoire an Techniken, um die gängigen Muster zu hinterfragen und seinen Klienten handlungsorientiert zu aktivieren. Das ist die Aufgabe, die er übernimmt.

Als Ziel gilt die Optimierung der menschlichen Potentiale des Klienten, sei es für ihn persönlich oder zum Wohle von Unternehmen und Institutionen. Der Coach betätigt sich damit als kundiger Fährmann, als energischer Anschieber, als leiser Motivator oder gar als personifizierter Krisenstab. Dabei soll er weder Forderungen stellen noch direkt intervenieren. Sein Auftrag besteht darin, durch Fragetechniken im Coaching-Gespräch den Klienten selbst die Handlungsalternativen entdecken zu lassen und damit zur Veränderung anzuregen, ohne ihn zu steuern. Niemals Ratschläge zu erteilen heißt daher eine zentrale Devise, denn Beraten gehört nach der reinen Lehre nicht ins Coaching. Das Beste ist, wenn der Klient die Lösung in sich selbst findet, ohne vom Coach in eine bestimmte Richtung gedrängt worden zu sein. Das ist eine hohe Kunst, die – wenn sie gelingt – ihren Preis ohne Frage wert ist.

Und wer hat es erfunden? – Darüber kann man streiten, doch als einigermaßen sicher gilt: Das Coaching wurde in den siebziger Jahren im angelsächsischen Raum entwickelt. Im Spitzensport hat es seinen Ursprung, dort wo ein »Coach« den Sportlern nicht etwa allein fachlich Technik und Kondition vermitteln wollte, sondern auf einer grundlegenderen Ebene auch psychologische Betreuung zuteilwerden ließ. Bei Einzelsportlern oder Mannschaften angewandt, arbeitete der Coach daran, neue Höchstleistungen möglich zu machen. Wenn er ein Experte der jeweiligen Sportdisziplin war und herausragende psychologische Fähigkeiten besaß, konnte er die von ihm gecoachten Sportler weit über die Erwartungen hinaus beflügeln. Über die zunehmende Professionalisierung von Trainern im Sport wurde den erforderlichen Kompetenzen immer mehr Raum beigemessen, gerade in der Ausbildung. Die dabei entwickelten Methoden wurden im Verlauf der achtziger Jahre über den Spitzensport hinaus in die Welt getragen. Letztlich entstand so »die professionelle Form individueller Beratung im beruflichen Kontext«.[18]

Einer derjenigen, die dafür Pate standen, war der Erziehungswissenschaftler und Tenniscrack Timothy Gallwey. Der Amerikaner schaffte den Transfer des Coaching vom Sport zur allgemeinen Berufspraxis durch Bücher wie *The Inner Game of Tennis* (1974) oder *Inner Game Golf* (1981). Diese Bestseller erzielten Breitenwirkung in den USA und machten damit die Ansicht populär, dass die Arbeit im mentalen Bereich wichtiger war als die bloße Verbesserung der Technik. Gallwey postulierte beispielsweise, dass der Gegner im eigenen Kopf viel schlimmer sei als der Kontrahent auf der anderen Seite des Tennisnetzes. Er entwickelte darauf basierend eine allgemeine Coaching-Methode, die in den verschiedensten Situationen Anwendung finden konnte.[19] Schließlich bekam der sportive Autor in den achtziger und neunziger Jahren Zugang zu den Vorstandsetagen von IBM, Apple und Coca Cola, um deren Arbeitsteams sowie Führungskräfte zu coachen, und auch um die strukturelle Selbstüberschätzung in den Konzernen zu vermindern. Stichworte dafür sind die heute gängigen Begriffe Change Management und Lernende Organisation. Der auf Team-Coaching in Großunternehmen spezialisierte Gallwey hat damit letztlich eine eigene Coaching-Richtung begründet und zahlreiche Coaches in aller Welt geprägt.

Unter den Gründervätern des Business Coachings war der Amerikaner allerdings nur einer von vielen, die veritable Impulse aussandten und an der Entwicklung der verschiedenen Methoden Anteil hatten. Im deutschsprachigen Raum gibt es eine ganze Reihe von Coaches, die vom Inner-Game-Denken beeinflusst sind. Aber die heute vorzufindende Inhomogenität des Erscheinungsbilds rührt auch daher, dass vielfältige Strömungen, etwa aus der Psychologie, hier Eingang fanden. Dabei sind länderspezifische Unterschiede entstanden. In Österreich etwa gehört der Systemische Ansatz zur vorherrschenden Coaching-Methode. Dabei werden die Kommunikation und das Verhalten des Gecoachten im System seiner privaten wie beruflichen sozialen Beziehungen mit dem Ziel der Auflösung von Problemen analysiert. Man könnte angesichts dessen von einer ausgeprägten Wiener Schule sprechen.

Coaching ist eine junge Disziplin. Sie unterliegt starken Spannungen, Findungs- und Ausdifferenzierungsprozessen. Selten sind daher diejenigen, die über zwei Jahrzehnte Berufserfahrung in der Branche aufzuweisen haben. In Deutschland gilt Dr. Wolfgang Looss als einer der Pioniere, weil er schon Mitte der achtziger Jahre ein Konzept für Einzel-Coaching von Top-Executives entwickelte.[20] Bei vielen jüngeren Kollegen genießt er als Doyen seines Fachs eine beinahe uneingeschränkte Verehrung. Ähnliches gilt für den Managementberater und Business Coach Uwe Böning, der in Frankfurt eine florierende Firma unter seinem Namen aufgebaut hat. Der aus der Psychologie kommende Mitinitiator und erste Vorstandsvorsitzende des DBVC widmet sich auch der Ausbildung und veröffentlicht Fachpublikationen. Doyen – das ist ein Titel, der gerne in Diplomatie und Wissenschaft verwendet wird. Damit aber hat Coaching zu wenig gemein, so dass ein anderer Begriff geeigneter erscheint: Senior Coaches. Nur ganz wenige gibt es, die es zu einer ähnlich fundierten Expertise gebracht haben. Die Masse ist auf dem Weg, aber wohin?

DER COACH

Guter Coach, wo bist du?
Eine Typologie der Anbieter

Das Gros der im deutschsprachigen Raum tätigen Coaches ist weiblich. Sozialwissenschaftler der Universität Marburg, die Ende 2009 eine Studie über das Management von Coaching veröffentlichten, haben recherchiert, dass es derzeit über 53 Prozent Frauen sind, die im Coaching haupt- oder nebenberuflich arbeiten. Ihr Durchschnittsalter liegt bei 47 Jahren.[21] Den Frauenüberschuss bestätigt auch der Blick in die Ausbildungseinrichtungen, wo weibliche Teilnehmer in der Überzahl sind. Beispielsweise liegt der Anteil der Männer in den Coaching-Kursen von Christopher Rauen bei circa 40 Prozent. Anderswo sind es gelegentlich noch deutlich weniger. Ähnlich sieht es in den Personalabteilungen von Unternehmen und Organisationen aus. Auch die Human Resources sind eine Frauendomäne, wenngleich auf der ersten und zweiten Führungsebene bislang noch Männer das Sagen haben. Im Bereich des von Selbständigen geprägten Coaching sind Frauen ihre eigenen Chefs – und können sich in diesem Arbeitsfeld bestens positionieren.

Generell stehen Frauen in dem Ruf, bessere Zuhörer und empathischer zu sein. Frauen gegenüber öffnet man sich leichter und tiefgehender als einem männlichen Gesprächspartner. Das ist ihr Startvorteil in der Coaching-

Branche. Seit geraumer Zeit drängen jüngere Kräfte hinein, so dass das Durchschnittsalter sinkt. Die Arrivierten sehen das natürlich kritisch und fürchten um ihre Position im Wettbewerb. So hält es der von Schwerin aus als Business Coach und Strategie-Consultant arbeitende Alfons Rissberger kategorisch für ineffizient, wenn Führungskräfte mit Coaches zusammenkommen, die über keine eigene fundierte Führungserfahrung verfügen. Der Vorteil älterer Coaches mit einer erfolgreichen Laufbahn in der Wirtschaft sei ihr durch die langjährige Praxis auf unterschiedlichen Feldern gebildeter Erfahrungshorizont. Jüngeren Kräften, die bislang möglicherweise nur universitäre Einrichtungen von innen kennengelernt haben, fehle aber genau dieses grundlegende Praxiswissen. Der Vorteil der Seniorität liege mithin darin, dass ein solcher Coach im Arbeitsprozess überzeugend und hartnäckiger fragen könne und so als wirklicher Feedbackpartner von seinem Gegenüber akzeptiert würde.[22]

Sind also »graue Schläfen« nötig, um einen Klienten in Karriere- und Führungsfragen erfolgreich coachen zu können? Es kommt auf die Ebene an. Wer sich im Segment des Top-Executive-Coaching etablieren will, erwirbt die dafür benötigten Qualifikationen nicht auf einer teuren Business School oder in Coaching-Kursen profilierter Anbieter. Vielmehr entsteht erst in andauernder praktischer Arbeit die nötige Erfahrungstiefe und die Bandbreite an Wissen, die auch Asma Semler für unumgänglich hält, um ein wirklicher Sparringspartner zu sein. Die unter anderem auf Change-Prozesse in Organisationen, Potentialanalysen und -entwicklung sowie Coaching von Teams und Einzelnen fokussierte Psychologin meint, ein Coach müsse »ein Generalist mit profunder Tiefe in der Wertschöpfungskette der Themen« sein, um effektiv arbeiten zu können.[23]

Die international im obersten Management coachende Claudia Daeubner bringt es auf den Punkt: »Wie kann jemand wirklich helfen, wenn er die Welt nicht kennt, um die es geht? – Nur wenn er schon dort war, wohin sein Klient gelangen will, trifft sein Rat auf Akzeptanz.« Der in den USA ausgebildeten Österreicherin zufolge benötige ein Management-Coach überdies besonders ausgeprägte »people skills«, also soziale Kompetenzen, zu denen etwa emotionale Intelligenz gehört. Wem so etwas fehlt, der habe ein strukturelles Defizit, denn man könne das nicht antrainieren.[24] Dem entspricht die Ansicht Rissbergers, der Emotionalisierung im Arbeitsprozess mit dem Klienten für entscheidend hält: Wenn man auf dieser Ebene zu ihm durchdringe, werde die Chance eröffnet, eingefahrene Gewohnheiten aufbrechen zu können. Grundsätzlich gehöre daher zu den notwendigen Talenten eines Coaches, ein guter Pädagoge zu sein. Pädagogische Kompetenz sei aber eine Gabe, die man nicht erlernen könne. Nur wer Härte und Charme sowie die Fähigkeit zusammenbringe, sich stringent auszudrücken, könne erfolgreich coachen.

Das, was die praxiserfahrenen Coaches Semler, Daeubner und Rissberger als Voraussetzung für substanzreiche Arbeit schildern, ist eine Mischung aus Begabung, Ausbildung, Erfahrung und Wissen. Davon kann nur der kleinste Teil in Kursen vermittelt werden, schon weil es bislang keine standardisierte, etwa universitäre Coaching-Lehre gibt, sondern lediglich unterschiedliche methodische Schulen, auf denen die etwa 350 Kursanbieter im deutschsprachigen Raum aufbauen. Ein Königsweg in diesen Beruf existiert daher nicht. Überdies ist der beruflich-fachliche Hintergrund der Coaches stark aufgefächert. Unter den Coaching-Anbietern sind ehemalige Personalentwickler oder lange am Markt etablierte Trainer genauso zu finden wie frisch von der Hochschule kommende Kommunikationspsychologen und Pädagogen, die weiterqualifizierende Zusatzausbildungen absolviert haben. Das ist hinsichtlich der persönlichen Eignung nicht unproblematisch. Trainer etwa, die von Unternehmen über Jahre damit beauftragt wurden, Teams zu beraten, damit diese besser miteinander arbeiten oder überzeugender auftreten, konnten aufgrund der dabei entstandenen Vertrauensverhältnisse in die Position des Business Coaches hineinrutschen. Von der Schulung einer Gruppe zur kritischen Begleitung eines Einzelnen ist es anscheinend kein allzu großer Schritt, wenn die Firma meint, man könne sich doch einmal unter vier Augen mit Frau X oder Herrn Y befassen und ihn auf das richtige Gleis setzen. Trotzdem kann es dabei zu Rollenkonflikten kommen. Schließlich ist der Typ des extrovertierten, motivierenden Trainers nicht ohne weiteres imstande umzuschalten, wie es das Coaching erfordert: sein Naturell zurücknehmen, dem Klienten zuhören und auf ihn eingehen. Wie die Erfahrung zeigt, ist ein guter Coach zwar meist auch ein guter Teamentwickler, ein guter Gruppentrainer dagegen aber meist kein guter Coach.

Ähnliche Rollenkonflikte gelten für Business oder Personal Coaches, die zuvor als Führungskräfte in Unternehmen und Organisationen tätig gewesen waren und nach ihrer Freistellung Coaching-Kurse absolvierten. Sie können zwar ihre einschlägigen Berufserfahrungen im Coaching einbringen, doch haben sie überwiegend nicht aus freien Stücken in die Selbständigkeit als Coach gefunden, sondern sind aufgrund von ökonomischen Sachzwängen dorthin ausgewichen. In Bezug auf das professionelle Selbstverständnis kann das ein ernstes Manko darstellen. Ähnlich ist es um die Akademiker geistes- oder gesellschaftswissenschaftlicher Provenienz bestellt. Hunderte mit einem derartigen Ausbildungshintergrund drängen mit Anfang dreißig ins Coaching, weil ihnen sonst keine wirkliche berufliche Perspektive aufscheint. Die Aussicht auf hohe Stundensätze wirkt für sie wie eine Verheißung, doch die wenigsten können sich in dem von starker Konkurrenz geprägten, diffusen Markt dauerhaft etablieren. Nur wer aufgrund von Qualifikation, Ausstrahlung und Referenzen überzeugend auftritt und gut vernetzt ist, kann erfolgreich arbeiten.

Doch woran erkennt man eigentlich einen guten Coach? – Dies ist eine der am häufigsten gestellten Fragen von Firmenkunden, Klienten und Coaching-Verbänden. Aus den unterschiedlichsten Gründen suchen all diese Beteiligten nach Antworten. Die Firmen möchten nur an wirklich qualifizierte und zuverlässige Coaches Aufträge vergeben, die meist mit mehreren Tausend Euro Kosten verbunden sind. Schließlich geht es darum, Ziele zu erreichen, und um »Return on Investment«. Am Ende nämlich wollen Controller und Vorstände wissen, was die Coachings ihrer Manager in Sandwichpositionen und Nachwuchsführungskräfte tatsächlich gebracht haben, nicht für diese selbst, sondern für das Unternehmen! Betrachtet man Coaching als Projekt, mit festgesetztem Budget und Timing, dann ist es zwingend, dass die Personaler nur die Guten beauftragen.

Die gecoachten Klienten hingegen möchten nicht ihr

Innerstes vor einem inkompetenten Blender nach außen kehren. Vor allem die Selbstzahler, die nicht in Großunternehmen arbeiten, sondern auf eigene Faust nach Hilfestellung auf dem Coaching-Markt suchen, wollen vermeiden, ihr Geld für geschwurbeltes Psycho-Chi-Chi aus dem Fenster zu werfen. Die seriöseren Verbände wiederum arbeiten daran, die eigene Reputation zu heben, indem sie möglichst hochqualifizierte und zertifizierte Mitglieder aufnehmen. Das strahlt letztlich nicht allein auf einen Verband und die mit ihm assoziierten Ausbilder aus, sondern auch auf die Branche an sich. Aber woran bemessen sich Güte, Qualität und Effizienz? Das lässt sich trotz aller bisherigen Bemühungen um die Etablierung von Kriterien kaum an Zahlen ablesen.

Ist derjenige gut, der 90 Coachings im Jahr durchführt? Oder vielleicht eher der, der sich im gleichen Zeitraum nur mit einer Handvoll Führungskräfte befasst und seinen Lebensunterhalt mit Einkünften aus anderen Beratungsdienstleistungen bestreitet? Gibt es wirklich einen über 500-prozentigen Return on Investment, wie es Studien von McGovern und MetrixGlobal schon vor einem Jahrzehnt behaupteten, da ein Mitarbeiter seine Leistung nach einem Coaching so sehr steigere?[25] Wenn der Klient nach einem Coaching zufrieden ist, weil sich endlich mal jemand mit ihm alleine stundenlang konzentriert beschäftigte, muss die auftraggebende Seite noch lange nicht begeistert sein. Schließlich ist es möglich, dass sich das Verhalten des Gecoachten um keinen Deut geändert hat. Wer also will Qualität objektiv beurteilen?

So variantenreich wie die verschiedenen Ansätze und Angebote im Coaching sind auch die Versuche, Hilfestellung dabei zu leisten, gute Coaches zu finden. Wer passt zu welcher Anforderung, zu welchem Problem, zu welcher Persönlichkeit? Im Internet und in der Literatur werden von Verbänden mannigfache Hinweise gegeben, wie man den wirklich Geeigneten im wuchernden Dickicht der Angebote ermittelt – und an welchem Geschäftsgebaren man unseriöse Anbieter erkennt.[26] Und dann? Es kann immer noch dazu kommen, dass sich Klient und Coach nicht verstehen, dass die Chemie zwischen ihnen nicht stimmt oder das Bauchgefühl gegen eine Zusammenarbeit spricht.

Ob es passt oder eben nicht, ist eine sehr subjektive zwischenmenschliche Angelegenheit. Daher bieten Personaler in den Unternehmen ihren Mitarbeitern in der Regel einige Coaches zur Auswahl an, damit diese nach vorbereitenden Treffen, den »Nasen-Gesprächen«, wissen, mit welchem der möglichen Dienstleister sie den Arbeitsprozess durchführen wollen. Das wird bei den Selbstzahlern etwas anders ablaufen. Das Beste ist, man lässt sich jemanden empfehlen, geht zu einem meist kostenlosen Sondierungstermin und entscheidet dann nach einer gewissen Bedenkzeit, ob man sich auf die Arbeit mit ebendiesem Coach einlassen möchte. Doch wie findet ein Privatkunde ohne tiefere Kenntnis der Anbieterszene und ohne Empfehlungen den für ihn passenden Typen?

Das Internet bietet hier kaum eine Handreichung, denn die Masse der Anbieter ist bei weitem zu groß. Was zählt, ist eben der erste Eindruck, den man im individuellen Vorgespräch bekommen kann. Doch auch das mag ineffektiv sein, denn wenn ein Termin vereinbart ist und man sich auf den Weg zum Treffen mit dem Dienstleister gemacht hat, kann binnen weniger Momente klar sein, dass man nicht zusammenpasst. Hier hilft eine Geschäftsidee aus Düsseldorf, die sich »Coach-Dating« nennt. Potentielle Klienten kommen mit einer Handvoll Coaches zusammen, mit denen sie in zehnminütigen Gesprächen herausfinden sollen, ob das Gegenüber für sie und ihre Fragestellung der Richtige ist.

Bei einer Teilnahmegebühr von 99 Euro besteht dabei die Gelegenheit, mit geringem Aufwand und vor allem schnell unterschiedliche Coaches kennenzulernen. Wer will, kann im Anschluss an die Dating-Runde mit seinem Favoriten vertiefend sprechen und dann entscheiden, ob er einen Auftrag erteilt. Bis dahin bleibt alles unverbindlich. Ob dieses Angebot über die rheinische Altbier-Metropole hinaus Verbreitung finden kann, wird die Zukunft zeigen. Erkennbar ist allerdings, dass unkonventionelle Ideen entwickelt werden, um die Akquisemöglichkeiten für Coaches und die Auswahl für die Klienten zu erleichtern. Freilich kann auch kein Coach-Dating die virulente Frage klären, ob der Dienstleister kompetent ist und mit seinem Klienten zielgerichtet zu arbeiten versteht.

Wenn man sich entschieden hat, sitzt man schließlich in der angestrebten Zweiersituation im Gespräch, erzählt und umreißt die eigenen Problemfelder. Der Coach informiert über die beabsichtigte Vorgehensweise, über seine methodischen Techniken und Instrumente und leitet dann durch kluge, bohrende Fragen zu des Pudels Kern. Wenn der Arbeitsprozess gelingt, fängt der Coachee bald nach den ersten Sitzungen an zu reflektieren und sieht auf einmal andere Möglichkeiten als vorher ... – oder er wundert sich, zum Beispiel über den Coach, wie er sich gibt, was er alles aus seinem Werkzeugkasten holt, womit er glaubt helfen zu können, welche Grenzen er überschreitet. Es ist leider alles möglich unter der Sonne, und der Ratsuchende findet trotz aller Vorsicht nicht immer die professionelle

Effizienz, das hehre Dienstleistungsethos und die absolute Vertrauenswürdigkeit, die er sich wünscht, sondern auch oft genug wüste Schaumschlägerei und atemberaubendes Abkassieren. Schließlich tummeln sich die unterschiedlichsten Vertreter ihrer Gattung im Coaching. Hier bietet sich eine – freilich nicht erschöpfende – Typologie der Coaches an:

Der Business Coach: Sie/er arbeitete zuvor als Unternehmensberater oder in leitender Funktion in einem Unternehmen. Mit dem Hintergrund des Betriebswirtschaftlers und der firmentypischen Sozialisation kann der Business Coach auf Augenhöhe mit seinen Klienten über Themen aus den Bereichen Karriere, Arbeitsorganisation und Prozessoptimierung reden. Häufig verfügt er über tiefere Kenntnisse in Psychologie oder etwa Philosophie, was ihm hilft, den reinen Wirtschaftskontext zu transzendieren. Er weiß sich in Korridoren und Besprechungsräumen der Wirtschaft unauffällig zu bewegen, kennt die Mechanismen der Macht, versteht die »politischen Spielchen« der Hierarchien, sieht die Fallstricke und Zwänge, die Chancen und vielversprechendsten Momente. Die Firmenkunden und Coachees erkennen im Business Coach einen professionellen, verständigen Partner, der im Idealfall genau weiß, wie das Unternehmen tickt und wo es für seinen Dialogpartner langgeht. Der Business Coach kleidet sich wie seine Klientel, fährt gerne schwerere Autos und logiert in besseren Hotels. Damit will er suggerieren, zu denen zu gehören, die es im unternehmerischen Sinne zu etwas gebracht haben. Er gibt den Gewinner, so dass auch der gecoachte Klient den Eindruck bekommt, durch die Zusammenarbeit gewinnen zu können. Von Beratern oder Trainern ist dieser Typus äußerlich kaum zu unterscheiden. Lediglich das diskret zurückhaltende und freundliche Auftreten in der Öffentlichkeit lässt erkennen, dass dieser Coach nicht lautstark vor größeren Gruppen agiert, sondern im Regelfall vor Einzelnen.

Der Diplom-Psychologe: Sie/er hat Psychologie studiert, wollte aber weder in der Psychotherapie noch als angestellter Personaler oder externer Motivationstrainer in Unternehmen arbeiten. Durch Studienschwerpunkte wie Arbeits- oder Organisationspsychologie sowie ergänzende Coaching-Ausbildungen kam er in die Branche. Dort bewegt er sich zwischen selbstzahlenden »Seelen-Coaching-Klienten« und Aufträgen aus Institutionen und Firmen. Er ist von Hause aus ein eher intellektuell-philosophischer Typ mit breitem Interessenspektrum. Ihm geht der unternehmensspezifische Stallgeruch des Business Coaches zumeist ab. Vor allem beim Coach mit BWL-Hintergrund steht der Psychologe im Ruf, nicht »handlungsorientiert« genug vorzugehen, weil er von Karrierefragen nichts verstehe und überdies die gebotene Distanz gegenüber dem Coachee vermissen lasse. Gleichwohl wird der Psychologe bei Auftraggebern und Klienten geschätzt, da er meist eine höhere Empathie aufweist als der wirtschaftsaffine Coach mit Beraterfähigkeiten.

Der Psychotherapeut: Sie/er war lange Jahre in der Therapie tätig, hat in Gesprächs- oder Verhaltenstherapien Problemzonen seiner Patienten erkundet und deren Vergangenheit analysiert. In den letzten Jahren erkannte er, dass er auch ohne größeren Aufwand im Coaching arbeiten kann, unabhängig davon, ob sein Schwerpunkt auf Einzel-, Familien- oder Paartherapie lag. Es musste nur die Ausrichtung der Arbeit am Menschen geändert werden, denn beim Coaching geht es ja um »Entwicklung zu ...« und nicht um »Heilung von ...«. Reizvoll für den Therapeuten ist, dass er im Coaching üblicherweise doppelt so hohe Honorare in Rechnung stellen kann. Warum soll er nicht die Chance nutzen, für eine Stunde »Eltern-Coaching« 240 Euro einzunehmen, wenn er bei der Krankenkasse das Gleiche als »Familientherapie« zum halben Preis abrechnen müsste? Das klingt zudem peppiger und steigert die Akzeptanzmöglichkeiten. Der Therapeut baut sein Angebotsportfolio durch die Facette Coaching weiter aus. Er erschließt sich einen neuen Kundenkreis, der vor den Begriffen »Psycho« und »Therapie« zurückschreckt, da sie von ihm als negativ konnotiert empfunden werden. In verschärfter Form gilt dies auch für Psychiater, von denen sich einige durchaus imstande sehen, zu coachen, die aber wegen ihres Rufs als »Seelenklempner« für die an Coaching interessierte Klientel nicht in Frage kommen. Der Psychotherapeut schwimmt demgegenüber spielend mit im Strom der Coaching-Konjunktur und sucht nach seinem Glück in einer jungen Branche.

Der abgewickelte Personaler: Sie/er ist Anfang oder Mitte 50 und hatte einen höheren Posten in der Personalabteilung eines Konzerns inne. Bei einem Führungswechsel ins Hintertreffen geraten oder gar in Ungnade gefallen, verließ er mit gehöriger Abfindung seinen Arbeitgeber. Da er davon ausgeht, das Personalgeschäft in allen Facetten bestens zu kennen, ernennt er sich zum Coach, nutzt seine jahrelang aufgebauten Kontakte und bietet sich als Dienstleister an. Dies kann mit oder ohne Coaching-

Ausbildungen oder -Crashkurse geschehen. Gelegentlich hat ihm sein Arbeitgeber sogar im Rahmen des Outplacement die Ausbildung finanziert. Ein Problem ist für ihn, den Rollenwechsel von höherrangiger Führungskraft zum externen Anbieter wirklich zu verkraften. Oft verwendet er Worthülsen und geriert sich im Gespräch mit Firmenkunden über Gebühr selbstbewusst, bis hin zur Überheblichkeit, indem er mit dem Status und dem Erfahrungsschatz seiner früheren Position wirbt. Der potentielle Auftraggeber auf der anderen Seite des Tisches spürt, dass dieser Coach sich kaum zurücknehmen oder zügeln kann. Er würde nicht wie ein fragender Dialogpartner, sondern wie ein energischer Ratgeber agieren. Diese oftmals von höherer Ebene empfohlenen Coaches mit Personaler-Hintergrund sind nicht der Liebling der Personalabteilungen.

Der Firmeninterne: Immer öfter setzen größere Personalabteilungen auf interne Coaches, um ihre Kompetenzfelder auszuweiten. Der firmeninterne Coach ist meistens eine Frau, eine Personalerin, die eine oder mehrere Coaching-Ausbildungen absolviert hat. Damit kann sie einerseits Auswahl und Einsatz externer Coaches qualifiziert begleiten und bewerten. Anderseits bietet sie als zertifizierte Spezialistin Coaching auch in ihrem Unternehmen an, was weniger kostet als die Dienstleistung von außen. Firmeninterne Coachings werden den zu Führungskräften aufgestiegenen Mitarbeitern oder zur Burnout-Prävention offeriert. Die Akzeptanz und Nachfrage steigt zur Freude der Personalleitung, obgleich bekannt ist, dass die Klienten offener und anders mit externen Coaches sprechen, als mit jenen, die den gleichen Arbeitgeber haben.

Die selbständigen Coaches stehen den Firmeninternen begreiflicherweise distanziert gegenüber, stellen sie doch eine unliebsame Konkurrenz dar.

Der Autodidakt: In der Regel gehört der Autodidakt zu den Coaches der ersten Generation. Als er in den achtziger oder neunziger Jahren begann, gab es nur wenige Möglichkeiten, sich überhaupt für Coaching ausbilden zu lassen. Daher sind die Selfmade-Coaches vorwiegend Einzelkämpfer, die sich vom Trend zur Mitgliedschaft in einem Coaching-Verband sowie von den verbandsseitig gepushten Zertifizierungen und Standardsetzungen der Branche fernhalten. Ihre Devise lautet: Wozu bedarf es einer Coaching-Ausbildung, wenn man jahrelang Erfahrungen als Trainer bei der Teamentwicklung oder als Unternehmensberater im Umgang mit Führungskräften gewonnen hat? Der Autodidakt hat seine Techniken genau wie sein Netzwerk und seine Kundenkreise selbst erarbeitet – und lebt zum Teil sehr gut davon. Da er weiß, dass er sich inhaltlich stets weiterentwickeln kann, postuliert er entsprechend selbstbewusst, das Alter vergolde seinen Beruf.

Der Novize: Ausgestattet mit Coaching-Zertifikaten aus zum Teil kostspieligen Ausbildungskursen, ausgefeiltem Businessplan, Gründerkredit, einer Homepage als digital erweiterter Visitenkarte und frischen Geschäftsdrucksachen tritt er auf den Markt. Woran es ihm mangelt, sind Empfehlungen und Kontakte. Seine Vorstellung vom effizienten Weg zur Akquise von Kunden, die über sein persönliches Umfeld hinausgehen, ist mehr von Enthusiasmus geprägt als von realistischem Geschäftssinn.

Der Novize möchte sich in der Praxis bewähren. Er will durch Leistung positiv auffallen und konkrete Erfahrungen im Umgang mit den Klienten gewinnen, um seine Kompetenz als Coach auszubauen. Im Gegensatz zum jungen Arzt oder Rechtsanwalt wird ihm allerdings wenig zugetraut. Das macht sich bei der Höhe der Honorare bemerkbar, die deutlich unter den Stunden- oder Tagessätzen der arrivierten Konkurrenten liegen. Viel Zeit und Geld hat der Novize investiert, um als Coach arbeiten zu können, doch die Resonanz auf seinen Markteintritt ist erschreckend spärlich. Von kooperationswilligen, etablierten Coaches könnte er profitieren, doch da die meisten einzeln arbeiten und ihre Konkurrenz nicht noch selbst aufbauen wollen, gibt es hierzu kaum eine Chance. Nur überaus langsam kommt der Neueinsteiger zu einer Anzahl von Klienten, die ihm seine Leistung in gewünschter Weise entgelten. Dass eine Handvoll Coachings im Monat nicht reicht, um ein Auskommen zu haben, begreift er schnell. Auch, dass eine mehrjährige Ochsentour vor ihm liegt.

Der Geistliche: Wer einer christlichen Institution angehört, die seit Jahrhunderten für den Menschen tätig ist, indem sie sich um seine Gegenwart, seine künftige Entwicklung und seine Seele sorgt, dem sollte es ein Leichtes sein, als Coach zu arbeiten. Der Benediktiner oder Jesuit der Gegenwart ist weltlichen Themen bei weitem nicht so entrückt, wie seine Ordenstracht suggeriert. Er hat einen unschätzbaren Vorteil gegenüber den Coaches mit BWL- oder Psychologen-Hintergrund: Man gesteht ihm als Geistlichen von vornherein ein ordentliches Quentchen an salomonischer Weisheit und Achtsamkeit zu, so dass ein potentieller Klient – sofern er keine Abneigung gegen Religionsvertreter hat – wenig Hemmungen besitzt, sich ihm zu offenbaren. Auch ostasiatische Geistliche, seien es Buddhisten oder Shaolin-Mönche, können in ähnlicher Art als weise Lehrer akzeptiert werden und bei Übungen und Exerzitien Elemente der Reflexion vermitteln, die coachingaffin sind. Der Geistliche lebt nicht von Coaching, er verdient etwas damit hinzu. Geld, das mitunter sein Orden oder die Kirche erhält.

Der esoterisch-spirituelle Life Coach: Sie/er kennt als erfahrener Sinnsucher, der von abendländisch-christlicher Religiosität oder fernöstlicher Spiritualität erfüllt ist, alle möglichen Techniken, ob sie nun Satsang, Hypnose, Bioenergie, Heilpädagogik, Systemische Familientherapie oder Familienaufstellung heißen mögen. Der Life Coach kümmert sich stets um den ganzen Menschen, er fühlt hinein und tastet sich vor. Er erklärt Vergangenes neu und bewertet Gegenwärtiges anders, hoffend, dass sein Klient der Wahrheit und Weisheit Stufe um Stufe näherkommt. Simple Zusammenhänge wie das Agieren in Hierarchien und die Ausrichtung auf Karriereziele sind ihm zu eindimensional. Er betrachtet in ganzheitlicher Weise das Sein und das Werden des Klienten. Dabei kann auch beruflicher Erfolg ein Ziel der Arbeit darstellen, denn schließlich ist dies Teil der persönlichen Erfüllung. Business Coaches blicken auf die psycho-spirituelle Konkurrenz als Scharlatane herab, doch die ficht das nicht an. Ihre Gelassenheit speist sich aus der Überzeugung, dass auch ihre sphärischen Crossover-Angebote zahlungswillige Abnehmer finden.

Der Grobe: Er ist vergleichsweise selten, ein Phänomen der Großstadt. Man findet ihn beispielsweise dort, wo man vorgibt, arm, aber sexy zu sein. Zu seinem Repertoire gehört die Provokation, und er geht davon aus, dass ein professionelles Coaching wehtun muss, damit es sich lohnt. So staucht er sein Gegenüber mit drastischen Worten zusammen und wechselt dabei sogar ungefragt ins Duzen: »Was bildest du dir eigentlich ein? Was jammerst du? Deine Probleme möchten die meisten haben! Also, was soll das? Jetzt tu und mach!« Der Coach mit langjähriger Berufserfahrung in der Therapie will mittels seiner energiegeladenen Empörung den Coachee aus der Reserve locken, ihn bei der Ehre packen und in Fahrt bringen. Ob es hilft? Auf jeden Fall ist die offensive Ansprache unterhaltsam, wenn nicht gar spektakulär. Man kann sich bei ihm je nach Einkommen für 50 bis 100 Euro pro Sitzung den Kopf waschen lassen und geht mit der gleichen Frisur, aber vielleicht auch mit grundlegend aufgerütteltem Inneren nach Hause.

Die Diva – der Narziss: Sie/er hat Stil, schaut gewinnend bis überheblich und lässt nicht nebenbei, sondern ganz gezielt die Bemerkung fallen, es geschafft zu haben. In jeder Hinsicht. Dieser Coach gibt sich als beneidenswertes Vorbild, als Bewohner des Olymps! Die Wortwahl – fremdwörtergespickt, der Duktus – manieriert, die Mimik und Gestik – bei Männern mitunter ein wenig tuntig, bei Frauen an eine kunstverständige Galeristin gemahnend, der Intellekt – unübersehbar und dennoch nicht zu fassen, die Kleidung, die Uhr, das Handy, die sonstigen Accessoires – aus dem höherpreisigen Segment, das Selbstbewusstsein – atemberaubend! Sie oder er sucht den Coachee nach Kräften zu beeindrucken: »Schauen Sie her: Ich führe ein glückliches Leben, der Erfolg ist mir selbstverständlich. Ich bin finanziell unabhängig.« Das klingt, als brauche dieser Coach eigentlich überhaupt keinen Klienten. Eine Gnade also, der Anwesenheit und möglicherweise sogar Aufmerksamkeit gegen Honorar teilhaftig werden zu dürfen. Wer es mag und aushält, von jemandem gecoacht zu werden, der spielend in einem Satz fünfmal »ich« unterbringt, der hat wirklich ein Problem. Und er läuft Gefahr, im Coaching so klein gemacht zu werden, dass er in eine fatale Abwärtsspirale gerät. Die Diva und den Narziss gibt es nicht nur einmal im Coaching und je älter der Coach, desto größer die Gefahr, auf ein Exemplar dieser Spezies zu stoßen. Beileibe nicht jeder Coach wird eben mit den Jahren professioneller. Manchem steigt die dünne Luft der Höhe, in der er zu schweben meint, zu Kopf.

Der Alleskönner: Es gibt Coaches, die sich dem Trend zur Spezialisierung folgend darauf konzentrieren, nur wenige Buchstaben des Angebotsalphabets, etwa A, B und C, abzudecken. Eine ganze Reihe von Anbietern tritt allerdings so auf, als könnten sie alles leisten und das komplette Themenspektrum von A bis Z abbilden. Wie ein Kellner, der eine schier endlose Speisekarte aufklappt. Homepage und Lebenslauf des Alleskönners sind gespickt mit Betätigungen wie Ausbilder, Buchautor, Coach, Headhunter, Heilpraktiker, Hypnotherapeut, Mediator, Organisationsentwickler, Supervisor, Trainer und Unternehmensberater. Geschäftstüchtig, wie er ist, offeriert er alles, womit er meint, Geld verdienen zu können. Dabei verfügt er in den Einzelfeldern allzu oft lediglich über ein gefährliches Halbwissen. Das Talent zur vollmundigen Selbstvermarktung auf Websites und in Coaching-Verzeichnissen ist ihm zu eigen, doch über seine tatsächlichen Qualitäten als Coach ist damit nichts gesagt.

Der Abzocker: Ein Mensch von einnehmender Persönlichkeit ist dieser Coach. Einen konkreten Auftrag für das Coaching bezeichnet er zu Beginn als überflüssig, wie auch die Festlegung der Konditionen. Schließlich spreche man doch erst einmal über das Grundsätzliche, um sich dabei kennenzulernen ... Er versteht es, das Vertrauen seines Gegenübers zu erlangen und ihn schnell in intensive Gespräche zu verstricken. Für alles hat er ein offenes Ohr und bietet sogar an, zu jeder Tages- und Nachtzeit per Mail und Telefon für »Minuten-Coaching« zur Verfügung zu stehen. Was er nicht erzählt, ist, dass bei ihm das Taxameter dauernd mitläuft. Er addiert seinen Zeitaufwand und stellt unvermittelt eine Rechnung, die in ihrem Umfang den Klienten vollends überrascht. Freundschaftliche Telefonate im Plauderton werden als Coaching-Sitzungen zu seinen gängigen Stundensätzen abgerechnet. Dabei scheut der Abzocker keinen Konflikt, denn schließlich glaubt er, sich auf einen mündlichen Vertrag berufen zu können, auf dessen Basis er konsultiert wurde: Wer mit einem Coach spricht, müsse selbstverständlich dafür bezahlen. Ihm ist es weitgehend egal, dass seine Reputation infolge dieser für ihn einträglichen Geschäftspraxis beeinträchtigt werden kann. Er spielt seine Karte ein ums andere Mal aus, weil er annimmt, dass er wegen seines gewinnenden Auftretens genügend Zulauf von neuen Klienten bekommt, die sich mit ihm einlassen.

Mittels dieser Typologisierung werden aus der Masse der Coaching-Anbieter einige Vertreter vorgestellt, die überaus charakteristisch sind, gerade deshalb aber in Reinform selten vorkommen. Daher wird es dem einen oder anderen Coach so erscheinen, dass ihm oder seinen Kollegen durch die Typologie Unrecht getan wird. Aus der Nähe betrachtet verfügen viele Coaches natürlich über ein verblüffend breites Repertoire an sehr individuellen Fähigkeiten, die von keiner Typologie abgebildet werden können. Um sich davon einen Eindruck zu verschaffen, genügt ein Blick in einschlägige Online-Datenbanken wie coaching.de, coach-datenbank.de oder coaching-point.ch, in denen sich zahllose Anbieter zwecks Kundenakquise präsentieren. So variantenreich wie die berufliche Provenienz der Coaches ausfällt, so unterschiedlich sind auch ihre jeweiligen Qualifikationen – von den damit verbundenen methodischen Ansätzen der verschiedenen Ausbildungsrichtungen ganz zu schweigen. Dass diese Vielfalt allerdings kein begrüßenswerter Artenreichtum im Sinne eines Biosphärenreservats ist, hat eine ganze Reihe von Coaches längst selbst festgestellt. Ebendaher gibt es ernsthafte Bestrebungen, das wilde Wachstum zu stutzen, das Coaching einzuhegen und zu pflegen, damit sein leistungsstarker Kern konturierter, sprich professioneller wird.

Gleicht das einer Sisyphus-Arbeit, oder gibt es tatsächlich Chancen, auf diesem Weg voranzukommen? Es scheint ein langer Marsch zu sein, denn es gibt noch nicht einmal die Institutionen, durch die man gehen könnte. Sie werden erst geschaffen, in Form der zum Großteil innerhalb des vergangenen Jahrzehnts gegründeten Coaching-Verbände. Vorstellbar ist, dass sich wie im Bereich der Psychotherapeuten und der Supervisoren irgendwann der

Staat in der Pflicht sieht und zur Ordnung ruft. Bei Ersteren wurde nach jahrzehntelangem Findungsprozess eine von staatlicher Seite flankierte Professionalisierung mit der Verabschiedung des Therapeutengesetzes von 1999 abgeschlossen. Im Bereich der Supervision bildete sich mit der Deutschen Gesellschaft für Supervision (DGSV) ein seriöser Gesamtverband heraus. Vielleicht könnte eine »Gesellschaft für Beratung« die Coaches und ihre Verbände vereinen, doch die widerstreitenden Richtungen lassen auch mittelfristig nicht erwarten, dass es dazu kommt.

Die eingangs gestellte Frage, wie der gute Coach zu erkennen sei, lässt sich bis dahin nicht eindeutig beantworten. Rechtsanwälte und Architekten werden durch ihre gewonnenen Prozesse oder durch ihre Bauten konkret einschätzbar. Bei den Coaches dagegen fehlen entsprechende öffentliche Resultate ihrer Arbeit. Was bleibt, sind die Auflistung von Firmenkunden auf der Homepage der Coaches, die Assoziierung mit methodisch anspruchsvollen Verbänden oder eben die persönlichen Empfehlungen gecoachter Klienten. Angesichts dessen ist zum heutigen Zeitpunkt für Interessenten ohne tiefer gehende Kenntnisse eine auch nur annähernde Transparenz der Coaching-Szene nicht gegeben.

Zu Ausbildung und Technik

Charakteristisch ist im Coaching, dass in der Regel nicht eine Technik alleine Anwendung findet, sondern ein an den individuellen Bedürfnissen orientierter methodischer

Mix. Qualifizierte Coaches verfügen über ein breites Repertoire an Methoden, die dem Systemischen Denken, der Gesprächstherapie, der Transaktionsanalyse, der Aufstellung von Teams und Organisationen, der konfrontativen »Gegenwind«-Technik oder dem Neurolinguistischen Programmieren (NLP) entlehnt sind.

Zu den favorisierten Techniken gehört ein »Inneres Team« genanntes Persönlichkeitsmodell. Es wurde vom Psychologen Friedemann Schulz von Thun mit dem Ziel entwickelt, die Pluralität des menschlichen Innen- und Seelenlebens für den Einzelnen verständlicher zu machen. Jeder Mensch, so die Vorstellung, vereint in sich verschiedene Persönlichkeiten, die als Impulsgeber, Entscheider oder etwa Skeptiker zu einem inhomogenen Team gehören. Da diese inneren Stimmen nicht nur antreiben, sondern auch blockieren und lähmen können, muss angestrebt werden, dass der Chef des Teams – das übergeordnete »Ich« – seine Mitglieder besser versteht und sie effektiver zu führen lernt, indem er eine ideale Aufstellung findet. Der Einsatz des Inneren Teams, bei dem die Klienten beispielsweise mit Puppen oder Karten in spielerischer Form beginnen und dann zu ernsten Themen vordringen, dient somit als Hilfsmittel beim Versuch, ihre eigenen Denkweisen und Handlungsmuster besser zu verstehen. Haupt- und Nebendarsteller treten bei dieser assoziativen Arbeit wie auf einer inneren Bühne in Erscheinung, werden benannt, integriert und aufgebaut – oder abgelehnt und bezüglich ihrer Wirkungsmöglichkeit in den Hintergrund gedrängt. In der Coachingszene geht man davon aus, dass diese die Intuition und emotionale Intelligenz aktivierende Technik eine »große Hebelwirkung« besitzt und den Klienten zu einer höheren

Selbstakzeptanz und letztlich zu einem stärkeren Selbstbewusstsein verhilft.[27]

Eine wesentlich komplexere Technik ist die Transaktionsanalyse (TA). Das auf Basis der Psychoanalyse von den Psychiatern Eric Berne und Thomas A. Harris entwickelte, aber vor allem auf Allgemeinverständlichkeit abzielende praxisorientierte Verfahren dient nicht nur psychotherapeutischen Zielen, sondern auch zur Persönlichkeitsentwicklung und zur Verbesserung gruppendynamischer Prozesse. Bereits vor 40 Jahren gelangte diese Methode aus den USA nach Europa, durchlief verschiedene Modifikationen und spaltete sich in eine Reihe von Schulen auf. In Deutschland fand die von Dr. Bernd Schmid entwickelte Systemische Transaktionsanalyse großen Zuspruch, die sich auf das Verhalten des Einzelnen in Organisationen konzentriert. Besonders hier konnte man beim Coaching andocken. Verbale und nonverbale Kommunikationselemente werden als »Transaktionen« analysiert, um die sozialen Beziehungen des Einzelnen in seinen unterschiedlichen Beziehungsgefügen beruflicher wie privater Art zu beobachten, zu verstehen und, falls notwendig, zu modifizieren. Ein wesentlicher Aspekt ist dabei die grundsätzliche Annahme der Transaktionsanalyse, dass der Einzelne frei entscheiden könne und entsprechend auch imstande sei, sein Verhalten bewusst zu ändern.[28] Bei der Anwendung der Transaktionsanalyse im Coaching wird vor allem die Form der Kommunikation thematisiert, um sie im Sinne des Klienten zu optimieren.

Von hier war es nur ein kleiner Schritt zur systemischen Beratung, die heute im Coaching sehr verbreitet ist und in verschiedensten Feldern eingesetzt wird. Dabei handelt es sich um eine »theoriegeleitete Erfahrungswissenschaft«, die einer steten Weiterentwicklung unterliegt.[29] Zu den Absichten der systemischen Beratung gehört es, dem Einzelnen vor Augen zu führen, dass sein Umfeld aus vernetzten sozialen Systemen besteht. Er muss sich in ihnen selbst organisieren und seine Rolle eindeutig bestimmen, um – vor allem bei Störungen – seine Handlungsfähigkeit zu wahren. Ein beliebtes Einsatzgebiet ist die systemische Veränderungsarbeit in hierarchisch aufgebauten Organisationen, also im Kontext des Karriere und Business Coaching.

Dem in den siebziger Jahren in den USA entwickelten psychologischen Kommunikationsmodell NLP sind Interventionsmethoden zu eigen, die dem Gecoachten vermitteln sollen, wie er sich gegenüber einer angestrebten individuellen Veränderung erfolgreich artikuliert und verhält. Dem zugrunde liegt die Annahme, dass herausragend leistungsfähige Persönlichkeiten sich ähnelnde verbale und nonverbale Verhaltensmuster einsetzen, die erlernbar sind. Als besonders wirkungsvoll gilt dabei die Fähigkeit, das Gegenüber bewusst oder intuitiv zu beeinflussen, sprich: zu führen. Diese Art der Kommunikation sei, so die Anhänger des NLP, erlernbar und in der praktischen Anwendung in den verschiedensten Kontexten überaus effektiv.

Für Coaches, die Techniken wie systemische Beratung, Transaktionsanalyse oder NLP anwenden, ist fundiertes theoretisches Wissen ein Muss. Um dieses zu erwerben und professionell einsetzen zu können, bedarf es eines hohen Aufwands an Zeit und qualifizierter Schulungsmaßnahmen. Unschwer vorstellbar ist es daher, dass man sich das Arbeitsfeld Coaching nicht im Sprint und zum Schnäppchenpreis erobern kann, sondern eher in mehreren aufeinander aufbauenden Langstreckenläufen mit hohem Startgeld. Wer überzeugend auf dem Markt agieren und sich gegenüber der mannigfaltigen Konkurrenz behaupten will, kann nicht umhin, seine Kompetenz so solide wie möglich zu entwickeln und stets à jour zu halten. Angesichts der einem permanenten Wandel unterliegenden methodischen Anforderungen ist Coaching eine überaus anspruchsvolle Arbeit. Doch es bedarf noch mehr als nur fachliches Wissen oder Empathie – auch der professionelle Auftritt besitzt eine zentrale Bedeutung, um ins Geschäft zu kommen.

Beim Coaching ist nicht allein von Bedeutung, welche Techniken jemand anwendet, sondern auch in welcher Umgebung er seiner Arbeit nachgeht. Von zu Hause aus zu operieren gehört nicht zu den guten Ideen. Beispielhaft dafür steht, was der Züricher Experte für Change Management Hans Rudolf Jost erlebte, als er einen Nachwuchs-Coach beim Gang in die Selbständigkeit beratend begleitete. Um Kosten zu sparen, arbeitete dieser Neuling in den eigenen vier Wänden. Bildlich gesprochen wanderte er im Pyjama über den Korridor in sein Arbeitszimmer und rief potentielle Auftraggeber an. Die Kaltakquise, wie die Erstansprache eines Wunschkunden genannt wird, erwies sich oft als erfolglos, worauf der Coach regelmäßig frustriert durch die Wohnung schlich. Seine in der Küche arbeitende Frau kommentierte dies mit Zwischenrufen wie: »Na, hast du jetzt endlich einen Klienten?« Infolgedessen mied der Coach den Gang über den Korridor ans Telefon und steigerte seine Probleme mit der Akquise.

Josts simpler Hinweis, es sei doch vermutlich besser, eine räumliche Trennung von Wohnen und Arbeiten herbeizuführen, wurde mit der Bemerkung quittiert, das sei noch nicht bezahlbar. Für den Beobachter hatte die Situation etwas Tragikomisches: Der Coach zog sich – schon um den Kommentaren seiner Frau zu entgehen – noch weiter zurück. Infolgedessen war der Einstieg ins Geschäft nicht zu finden, so dass Jost ernstlich appellierte: »Zieh dir deinen besten Anzug an, stelle dich hin und rufe deinen potentiellen Kunden an. Du musst selbst das Gefühl haben, etwas Professionelles und Wichtiges zu tun. Das geht nicht im Schlafanzug!« – Diese Ansprache half letztlich, so dass der Coach zu seinen ersten Aufträgen kam. Hier ging es nicht um die Vortäuschung von Kompetenz durch Kleidung, was jungen Consultants in ihren dunklen Dreiteilern oftmals nachgesagt wird, sondern um den entscheidenden Schritt aus dem Privaten ins Geschäftliche.

Jeder Coach entwickelt seine eigenen Präferenzen, wenn es um den konkreten Arbeitsort geht. Volker von Courbière etwa, der Gründer der in Köln ansässigen Courbière Gesellschaft für Personal Expertising, führt den überwiegenden Teil seiner Coachings dort durch, wo der Klient Zeit dafür findet. Top-Manager reisen nicht gerne zum Coach, sie laden ihn zumeist zum Besuch ein. Für die Gespräche wählt Courbière gelegentlich die Lobby eines Hotels. Das erscheine den Klienten anfangs eigenartig, vor allem weil sie die Gesprächssituation als zu öffentlich empfinden. Doch meist dauere es nicht lang, bis sie die Umgebung zu schätzen wissen. Gerade die boulevardhafte Atmosphäre, so Courbière, ließe Gedanken Raum, für die in den Besprechungszimmern der Chefetage kein Platz sei. Die Wohnhalle des Hamburger Hotels *Vierjahreszeiten* etwa ist ein von Courbière dafür aufgesuchter Ort. Dort liegen die Sitzgruppen so weit voneinander entfernt, dass auch die notwendige Diskretion gewährleistet ist.[30]

Gianna Possehl hat ihr Büro neben dem Hamburger Hotel *Atlantic*. Um den Kopf ihres Coachees frei zu bekommen, bietet sie ihm schon einmal an, um die Außenalster zu spazieren und dabei zu reden. »Walk and Talk« nennt sie das: Siebeneinhalb Kilometer am See entlang, mit Blick auf das Grün der Wiesen, auf Büsche und Bäume, auf Wassersportler, Jogger und Flaneure, das setze einiges frei. Gelinge es dem Manager im Coaching-Prozess nicht, sich und seine Konfliktsituation aus der Vogelperspektive zu betrachten, nimmt sie ihn mit zu einem Aufstieg im Fesselballon an den Deichtorhallen. Das sei mitunter mangels anderer Besucher ein sehr privates Vergnügen und ermögliche nicht nur den Blick auf Elbe, Hafencity und Stadtquartiere, sondern auch auf die eigene Situation aus der Höhe. Wenn ein Klient kunstaffin erscheint, geht sie mit ihm in die Kunsthalle. Dort lautet der Auftrag, ein Gemälde auszuwählen, das den eigenen Gemütszustand passend widerspiegelt, um den Einstieg ins Thema zu erleichtern. Das Bild fungiere als Steigbügel für den Klienten, dem oft am Anfang des Prozesses die richtigen Worte und passenden Bilder fehlen. Dass Possehl einst Kunstgeschichte studiert hat, schadet der Museumsvisite sicher auch nicht.

Die Klienten von Roland Jäger wissen es dagegen sehr zu schätzen, dass sie ihn in seinem Büro aufsuchen dürfen, obwohl sie dafür extra von Frankfurt aus nach Wiesbaden fahren müssen. In dem kaiserzeitlichen Altbau fühle man sich schließlich völlig anders als in den Banktürmen der Frankfurter City oder in einer der modernen Firmenzentralen in Eschborn. Jäger zufolge benötigen die Coachees diesen Fahrtweg, um aus ihrer üblichen Umgebung herauszukommen. Sie spüren, dass sie ihren Berufsalltag verlassen haben, um nun, wie Courbière es nennt, »einen Termin mit sich selber zu machen«.

All das erfordert Zeit, eine Ressource also, über die nur wenige wirklich verfügen, denn bereits die beruflichen Verpflichtungen sind allgegenwärtig. Je hochrangiger die Führungskraft, desto gespickter der Terminkalender. Auch auf diese Klienten haben sich findige Anbieter der Branche eingestellt. So bietet Böning-Consult »A-B-C Airport-Business Coaching« an. Wer eine längere Wartezeit am Frankfurter Flughafen hat, kann sich von 9 bis 21 Uhr für 450 Euro eine Stunde lang im Airport Conference Centre coachen lassen. Wenn der Arbeitgeber die Kosten trägt, dürfte dieses Angebot auch vom mittleren Management vermutlich gerne genutzt werden.

Volker von Courbière offeriert seit einigen Jahren »Coach-to-go«. Dabei begleitet er Führungskräfte international operierender Konzerne auf Dienstreisen zu ihren in Südostasien gelegenen Niederlassungen oder etwa nach Südafrika. Diese aus den Bereichen Stahl, Automobil, Zulieferindustrie, Chemie und Pharma kommenden Manager oder Mittelständler sind auf optimales Zeitmanagement angewiesen. Daher schätzen sie die Möglichkeit, während der Langstreckenflüge intensiv und ungestört in ein Coaching-Gespräch einzutauchen. Beispielsweise dauert der Flug Frankfurt – Singapur elf Stunden. Diese Zeit kann für Gespräche auf der Hin- und der Rückreise genutzt werden. Klient und Coach sitzen dabei bequem und mit der nötigen Distanz zu anderen Passagieren in der First Class, da bemerke man Courbière zufolge nicht einmal die Stewardess. Während der Manager seine Termine an den Zielorten absolviert, kann Courbière seine Zeit nach Belieben verbringen, weshalb diese Form des

Coaching für den Kölner besonders reizvoll ist. Schließlich zahlt der Auftraggeber auch sein Flugticket.

Nicht jeder Klient mag es, für ein Coaching spazieren oder in der Hotellobby unter die Leute zu gehen. Schließlich kommen im Verlauf des Gesprächs überaus komplexe Dinge zur Sprache. Eine heute für ein international agierendes Wirtschaftsprüfungsunternehmen tätige Juristin etwa, die vor ihrem zweiten juristischen Staatsexamen Unsicherheiten bei der Vorbereitung auf die Prüfung und die folgende berufliche Ausrichtung hatte, schätzte bei ihrem Coaching, dass es im Büro des Coaches in einer »klaren Business-Situation« stattfand.[31] Alles andere hätte sie unangebracht gefunden. Diese Umgebung hatte mit daran Anteil, dass der Coach von ihr akzeptiert wurde.

Wie viel allein vom Ort abhängt, wissen auch die im Berliner Bezirk Prenzlauer Berg tätigen Coaches Alexandra Kühr und Sandra Szaldowsky. Basierend auf der Erkenntnis, dass jemand, der auf seiner Couch coacht, seitens der Klienten nicht wirklich akzeptiert wird, haben sie eine Geschäftsidee entwickelt: Das von ihnen gegründete und sich »Raum für Entwicklung, Netzwerk für Trainer, Coaches und Berater« nennende Unternehmen Livia vermietet Räumlichkeiten, in denen Schulungen und Coachings abgehalten werden können. Das sei für diejenigen, die aus Kostengründen kein eigenes Büro unterhalten oder als Coaches von außerhalb kommen, eine ideale Basis, um im professionellen Rahmen zu arbeiten. Überdies schätzten viele Klienten beim Coaching die belebte Atmosphäre in dem Großstadtkiez mehr als ein firmenartiges Office mit Empfangsdame und Designermöbeln.[32]

Üblicherweise verwenden viele Coaches einen beträchtlichen Aufwand darauf, das Zusammentreffen mit ihnen zu einem inspirierenden oder lockernden Erlebnis zu machen. Wer es sich leisten kann, wählt für die Praxis eine gute Adresse, scheut nicht den finanziellen Aufwand für stilvolles Inventar oder erstklassige Hotels. Schließlich wird daran der eigene Anspruch, das Selbstverständnis ablesbar. Gianna Possehl bekennt ganz offen, dass sie nicht für ein Unternehmen coachen würde, dessen Konferenzraum einer angegammelten »Nadelfilz-Dosenmilch-Hölle« gleiche. Ähnlich halte sie es mit den Hotels, wenn sie zum Klienten reise: Sie zahle das Logis selbst und gebe dafür gerne mehr aus, denn ein gutes Ambiente sei Grundlage für ihre Performance. Es gibt Coaches, die anspruchslos übernachten, um Geld zu sparen, aber das hat wiederum einen problematischen Nebeneffekt: Mit einer Pension am Stadtrand wertet man sich ab und riskiert die Wertschätzung des Kunden zu beeinträchtigen. Auf Augenhöhe agieren zu können ist demzufolge ein genauso wichtiges Element im Coaching-Prozess wie die Ausbildung – die sich in den letzten Jahren rasant verändert hat.

Noch im Jahr 2000 hatte kaum einer der mehreren Tausend im deutschsprachigen Raum tätigen Coaches eine der heute üblichen Ausbildungen absolviert – weil es solch ein Angebot damals noch gar nicht gab. Mittlerweile ist es Standard, nicht nur einen, sondern gleich mehrere methodisch unterschiedliche Kurse gemacht zu haben. Überdies bildet sich die Mehrzahl der Coaches beständig weiter. Viele von ihnen präsentieren die dabei erworbenen Ausbildungszertifikate als Ausweis ihrer Kompetenz. Ist das eine legitime Werbestrategie oder handelt es sich um deplatziertes Selbstlob, das unangenehm aufstößt, wie der Organisationssoziologe Stefan Kühl urteilt?[33]

Für die Firmenkunden, die einen Coach beauftragen wollen, haben die Zertifikate einen ganz simplen, praktischen Nutzen: Schätzungsweise ist höchstens jeder Zehnte der mittlerweile 40 000 Dienstleister, die in Deutschland Coaching anbieten, in einem Verband organisiert. Da überdies infolge der disparaten Verbandslandschaft von wirklich transparenten Qualitätskriterien keine Rede sein kann, haben größere Unternehmen und Organisationen im vergangenen Jahrzehnt eigene Bestimmungsverfahren zur Ermittlung qualifizierter Coaches entwickelt. Hierbei spielen die Zertifikate eine Rolle. Die für gut befundenen Dienstleister werden in einen unternehmensseitig gepflegten Berater-Pool aufgenommen, aus dem sie sich im Bedarfsfall bedienen. Routinierte Coaches, mit denen die Firmen seit längerem zusammenarbeiten, müssen keine Zertifikate vorweisen, denn man kennt sich und weiß um die Qualitäten. Mit den nachrückenden Neulingen wird allerdings anders verfahren. Wer kein Diplom vorweisen kann und sich um die Aufnahme in den Pool bemüht, wird im Regelfall übergangen. Die Personaler trauen ihm nicht über den Weg. Um hier einen Fuß in die Tür zu bekommen, müssen die jüngeren Angehörigen der Branche mit möglichst aussagekräftigen Ausbildungsscheinen punkten. Was hätten sie anderes vorzuweisen als ihre Zeugnisse und eventuell einige Referenzen zufriedener Kunden? Verständlicherweise nutzen sie diese Papiere offensiv für die Selbstpromotion – und um sich gegenüber den weit verbreiteten Schaumschlägern und Trittbrettfahrern des Coaching abzugrenzen, die in letzter Zeit ohne jegliche Qualifizierung auf den Markt drängen.

Beispielhaft für diese Werbestrategie ist der vierzigjährige André Schnell. Er gibt auf seiner Homepage neben dem beruflichen Hintergrund gleich drei Qualifikationen an: Er ist von der Handelskammer zertifizierter Trainer, zertifizierter Business Coach sowie Systemischer Coach mit Zertifikat der Systemischen Gesellschaft Deutschland. Ob diese Angaben potentielle Klienten überzeugen? Über die Bedeutung seiner Zertifikate sagt Schnell, er werde nicht von den selbst zahlenden Klienten, sondern von den ihn beauftragenden Firmen danach gefragt.[34] Die dahinterstehende Absicht sei, ihn besser einschätzen zu können. Durch seinen soliden Ausbildungshintergrund belegt er, zum professionellen Kreis der Anbieter zu gehören.

Wer demnach nicht mit einem Label wie »ehemals Boston Consulting Group« auftreten kann oder über aussagekräftige Empfehlungen weitergereicht wird, muss fürs Erste versuchen, mit Zeugnissen zu glänzen. Doch wie aussagekräftig sind diese Zertifikate wirklich? Auch da gibt es einen gehörigen Wildwuchs, der mit einer eigentümlichen Praxis gegenseitiger Anerkennung zwischen kleinen Coaching-Verbänden und Ausbildern einhergeht. Und welchen Wert hat ein Diplom, das in einer Coaching-Ausbildung eines St. Galler Anbieters per Fernstudium erworben werden kann, ohne auch nur einen Tag Präsenzpflicht gehabt zu haben. Die Kursteilnehmer bekommen lediglich alle paar Wochen einen Schwung Dateien zur Verfügung gestellt, den sie ausdrucken, durcharbeiten und schriftlich beantworten müssen.

Die meisten etablierten Coaches stehen der wachsenden »Verakademisierung und Psychologisierung des Coaching« überaus kritisch gegenüber.[35] Ihrer Meinung nach wisse jeder mehr zum Coaching zu sagen, der ein Jahrzehnt Berufserfahrung in Teams habe, als mancher studierte Psychologe. Da ist etwas dran. Man darf durchaus die Frage stellen, was in fachlicher Hinsicht von jemandem zu erwarten ist, der sich nach einem Studiengang »Dipl. Karriere- und ErfolgsCoach« nennen darf. Kann er tatsächlich, wie seine von der European Coaching Association (ECA) anerkannte Ausbildungsinstitution werblich formuliert, Blockaden beim Klienten in einer effektiven Weise aufbrechen und die Karriere fördern? Besser etwa als ein praxiserfahrener Coach ohne Zertifikate? Da auch im Coaching noch keiner den Stein der Weisen gefunden hat, lässt sich alles behaupten und nach allen Seiten austeilen. Und ausgeteilt wird, schließlich geht es nicht zuletzt um das professionelle Standing im Kampf mit der brancheninternen Konkurrenz und um die Steigerung der Glaubwürdigkeit gegenüber den Kunden.

Das Konfliktpotential zwischen den vermehrt hinzukommenden zertifizierten Coaches und den älteren mit ausgeprägtem Praxishintergrund wird vermutlich weiter anwachsen, denn es geht um Marktfähigkeit, Reputation und Professionalität. Dass es in Zukunft kaum ruhiger werden dürfte, liegt nicht zuletzt an dem ausgeprägten Narzissmus der Coaches. Ein Indikator dafür sei, so der Schweizer Hans Rudolf Jost, dass eine Reihe von Coaches in jeder möglichen und unmöglichen Situation ihre eigene Person in den Vordergrund spielte.[36] Wenn sich diese Dienstleister nicht einmal im Dialog mit ihren Klienten zurücknehmen können, ist es kaum verwunderlich, dass sie untereinander heftige Revierkämpfe austragen. Das wird die Öffentlichkeit zwar nur am Rande miterleben, doch ein geschlosseneres Auftreten der Branche ist auch mittelfristig nicht zu erwarten. Schließlich verstärkt gerade der Narzissmus unter den Coaches ihre Fragmentierung und das Auseinanderfallen in diverse Schulrichtungen. Jost zufolge sei es dem Klienten egal, wer mit welchem Ausbildungs- und Qualifikationshintergrund die Lösung seiner Probleme befördere, es käme allein auf das Resultat an. Das ist freilich der zentrale Punkt beim Coaching. Was zählt, ist der Effekt, nicht aber das Label, der Stallgeruch oder die Methode.

•••

Es gibt keine internationalen Koryphäen im Coaching, die länderübergreifend von herausragender Bedeutung sind. Anders liegen die Dinge in der Wirtschaft, wo beispielsweise Peter F. Drucker als Pionier der modernen Managementtheorie eine übergeordnete Position einnimmt. Genauso fehlt eine maßgebliche »Bibel« des Coaching. Stattdessen findet sich eine ausufernde Fülle an Fachliteratur, von der lediglich einige Handbücher größere Resonanz erzielen. Dies ist eine disparate Situation, gerade für diejenigen, die von Coaching fasziniert sind und die maßgeblichen Techniken erlernen wollen.

»Sichern Sie sich Ihren Ausbildungsplatz« – lockt das Werbeplakat von Coatrain in der Hamburger S-Bahn. Gemäß seiner Selbstdarstellung ist Coatrain »eines der führenden mittelständischen Coachingunternehmen«. Es bietet unter anderem einen 13-tägigen Kompaktkurs an, in dem die Aspiranten in Kleingruppen mit maximal sechs Teilnehmern zum Business Coach geschult werden. Danach erhalten die Absolventen ein Zertifikat und dürfen fortan ihr Glück auf dem Coaching-Markt suchen. Die Schulung, die Coatrain sowohl zur beruflichen Neuorientierung als auch zur Weiterbildung empfiehlt, kostet derzeit 6800 Euro. Das ist nicht die Welt, aber eben auch nicht wenig. Teilnehmer, die von der Arbeitsagentur einen

Bildungsgutschein mitbringen, können ihre Kosten entsprechend reduzieren. Die Hauptzielgruppe der Ausbildungsanbieter sind im Regelfall allerdings nicht Arbeitssuchende, sondern – etwa bei der Nordwestdeutschen Akademie für wissenschaftlich-technische Weiterbildung (NWA) in Osnabrück – »Führungskräfte, Personalentwickler, Qualitätsbeauftragte, Berater und Trainer«. Sie müssen für eine berufsbegleitende Schulung tiefer als bei Coatrain in die Tasche greifen und den Qualitätsanforderungen des Deutschen Verbandes für Coaching und Training (dvct) genügen, dessen Basis- und Aufbau-Curricula sich in Wochenendmodulen über annähernd ein Jahr erstrecken. Ein Plus an Substanz hat eben seinen Preis. Das Gleiche gilt für renommierte Beratungsunternehmen, die ihr Tätigkeitsfeld erweitern und wie die Kienbaum Management Consultants GmbH eine Ausbildung zum Management Coach anbieten.

Seriöse Schulungseinrichtungen orientieren ihre Lehrgänge an den Richtlinien Standard setzender Verbände wie dvct und DBVC. Beispielhaft dafür steht die coachingakademie, bei der man die Qualifikation zum Systemischen Coach erwerben kann. Die Geschäftsführerin der Einrichtung, Bettina Schubert-Golinski, ist gleichzeitig Senior Coach des DBVC.[37] Firmenkunden, die ihre Mitarbeiter aus der Personalabteilung im Coaching weiterbilden wollen, gehen mit Vorliebe auf derartige Lehrangebote zu, denn hier kann man gewiss sein, etwas Fundiertes geboten zu bekommen. Je nach zeitlichem Aufwand, inhaltlichem Zuschnitt und Reputation des Ausbilders können die Kursgebühren auf mehr als 10 000 Euro ansteigen. So gibt es etablierte Ausbilder, die aufgrund ihrer Erfahrung, ihrer fachlichen Qualitäten und nicht zuletzt ihres Rufs hohe Gebühren verlangen. Da muss sorgfältig abgewogen werden, ob die Investition in die Zusatzqualifizierung wirklich lohnt. Einer steten Nachfrage erfreut sich der in Heidelberg, Witten-Herdecke sowie Berlin tätige Professor Fritz B. Simon. Nach seiner Ausbildung zum Psychiater und Psychoanalytiker hatte er lange Zeit in der Universitäts- und Versorgungspsychiatrie sowie als Gruppendynamiktrainer und Psychotherapeut gearbeitet. Seit langem bietet der außerordentlich gut vernetzte 62-Jährige eine Ausbildung im Systemischen Coaching in Berlin an. Als einer der führenden Vertreter der Systemischen Therapie sowie als Experte für Organisationsberatung und Führung genießt Simon das Ansehen eines hervorragenden Dozenten. Er wird vom Coaching-Nachwuchs genauso geschätzt wie von arrivierten Kollegen. Entsprechend wirbt eine ganze Reihe von Coaches damit, bei Fritz Simon gelernt zu haben.

Die Aus- und Weiterbildung, die von Anbietern unterschiedlichsten Alters und Berufserfahrung durchgeführt wird, hat sich längst zu einem besonders lukrativen Geschäftsfeld der Branche entwickelt. Für eine Reihe von älteren Coaches, Trainern oder Psychologen, die es geschafft haben, sich in der Frühphase des Coaching in Deutschland einen guten Namen zu machen, stellt dies einen hochattraktiven Arbeitsbereich dar. Sie können heute als Ausbilder der gefragten Schulungsrichtungen Systemisches Coaching, Transaktionsanalyse oder NLP gutes Geld verdienen. Diese Arbeit kann sogar weitaus einträglicher und vor allem bequemer ausfallen als über Monate dauernde Coachings, die gelegentlich mit gravierenden mentalen Belastungen für den Dienstleister einhergehen. Das verführt aber auch einige Jüngere dazu, selbst in diesem Geschäft mitmischen zu wollen. Manch einer reibt sich die Augen, wenn er auf dem Online-Business-Netzwerk Xing liest, dass sein früherer Psychologiekommilitone nun schon als Coaching-Ausbilder arbeitet, mit Ende dreißig. Einem ist das gelungen, in vorbildlicher Weise sogar, doch dessen Entwicklung und Geschäftsmodell ist kaum kopierbar.

Bereits 2002 – im Alter von 33 Jahren – führte Business Coach Christopher Rauen eine eigene Coaching-Schulung durch. Mittlerweile hat der smarte Niedersachse 399 Coaches ausgebildet.[38] Auch heute noch unterrichtet er persönlich, aber in der nach ihm benannten Lehreinrichtung arbeiten eine Reihe von Referenten. Die Kursteilnehmer sind zu je einem Drittel Personaler, Führungskräfte sowie Trainer oder Berater. Letztere wollen sich professionalisieren, da sie schon länger coachen, ohne im eigentlichen Sinne dafür ausgebildet worden zu sein. Rauen bietet eine anspruchs- und qualitätvolle Ausbildung an, und sein dabei angewandtes System sieht wie folgt aus: Ein Kurs besteht aus sieben Modulen. Anfangs wird lediglich das erste Modul bezahlt, anschließend entscheiden die Teilnehmer sowie Rauen selbst, ob die Ausbildung fortgesetzt wird. Für die Teilnehmer besteht so die Möglichkeit, die Passgenauigkeit von Ausbildung und eigenem Anliegen zu hinterfragen, während Rauen bzw. seine Mitarbeiter überprüfen können, ob womöglich jemand mit offenkundig persönlichem Therapiebedarf in den Kurs gekommen ist oder primär ein Selbsterfahrungsinteresse hegt.

Jenen, die Defizite in der Selbststeuerungsfähigkeit aufweisen, rät Rauen von einer Coaching-Ausbildung ab. Auch sind einige Hürden eingebaut, die ein gewisses Mindestalter vorgeben: Nur wer einen Hochschulabschluss sowie eine mindestens dreijährige Berufserfahrung aufweist, kann sich anmelden. Arbeitssuchenden empfiehlt Rauen, sich zweimal zu überlegen, ob sie eine Ausbildung machen. Der Grund? Rauen geht davon aus, dass es nicht möglich ist, in den Anfangsjahren als Coach seinen Lebensunterhalt zu bestreiten. Dass lediglich das erste Modul und nicht gleich der ganze Kurs zu bezahlen ist, hält Rauen für fair, denn immer wieder würde jemand erkennen, im Coaching falsch zu sein. Diese Praxis wurde von einer ganzen Reihe anderer Ausbilder übernommen, womit nicht zuletzt der Geldbeutel von Kursteilnehmern geschont wird, die aus welchen Gründen auch immer nach der ersten Orientierung einen Rückzieher machen.

Die von der Integralis Akademie offerierte Ausbildung zum Life Coach verfolgt einen Weg, der sich von der Rauenschen Praxis deutlich unterscheidet. Seit 2002 haben an die 240 Personen den über drei Jahre ablaufenden Kurs in Seminarhotels bei Fulda und bei Osnabrück absolviert. Wer dort aufgenommen werden will, muss mit den Initiatoren wie Stephan W. Ludwig ins Bewerbungsgespräch gehen. Studienabschlüsse, Zertifikate oder Berufserfahrungen spielen hier keine zentrale Rolle. Vielmehr geht es um die Motivation und die Persönlichkeit. Daher können auch Studenten der Psychologie die Ausbildung durchlaufen, die erst Mitte 20 sind. Ludwig hat mit den Jahren festgestellt, dass nicht jeder nach dem Abschluss des Kurses mit Coaching Geld verdienen will. Für etwa ein Viertel der Teilnehmenden ist vielmehr die persönliche Entwicklung vorrangig. Das Gros besteht aber aus Psychologen, Therapeuten, Ärzten und Mitarbeitern der auf psychosomatische Medizin spezialisierten Klinik Heiligenfeld.

Sie sehen die Integralis-Ausbildung als Chance zur Erweiterung ihrer Qualifikationen für den effektiveren Umgang mit den Patienten. Nur ein Viertel der Absolventen geht als Selbständiger ins professionelle Life Coaching.

Ludwig zufolge sind diese Neueinsteiger bei ihrer Arbeit vornehmlich mit persönlicher Beratung befasst – ihre Klienten sind Mobbing-Opfer, gestresste Lehrer oder belastete Paare. Dabei werden Stundensätze verlangt, die zwischen 75 und 125 Euro liegen. Hierin besteht ein charakteristischer Unterschied zum Business Coaching, wo mindestens doppelt so hohe Tarife Standard sind. Allerdings ist die Gebühr für den dreijährigen Kurs bei der Integralis Akademie vergleichsweise moderat, denn pro Jahr fallen lediglich 5000 Euro an, inklusive Kost und Logis in den Hotels.

Inzwischen werden beinahe allerorts Ausbildungen angeboten und nachgefragt, nicht allein in den Metropolen, sondern auch auf dem Land. Exemplarisch dafür steht die Akademie für Führung, Personalentwicklung und Coaching des Osterberg-Instituts in Niederkleveez bei Malente. Es bietet einen weitgespannten Themenfächer an. So kann man sich dort in Sachen Familienpädagogik, Persönlichkeitsentwicklung, Konflikt- und Führungskompetenz sowie ganzheitlicher Kommunikation weiterbilden lassen. Zum Coaching-Kursangebot erklärt das Institut, dass es angesichts der enorm unterschiedlichen Anforderungen und der starken Konkurrenz von überragender Bedeutung sei, über »fundierte und differenzierte Werkzeuge zu verfügen«. Diese sollen in einer Reihe von Eintagesworkshops oder mehrtägigen Veranstaltungen vermittelt werden. Als Leitgedanken formuliert die private norddeutsche Akademie: »Der Coachee soll arbeiten –

und nicht der Coach. Der Coachee weist dem Coach – zumindest unbewusst – den Weg. Der Coach tut gut daran, jederzeit zu wissen, was er und warum er es tut. Der Coach selbst ist sein wichtigstes Handwerkszeug.«[39]

Ungewöhnlich erscheint, dass die Weiterbildungseinrichtung mit der Karl Kübel Stiftung einen gemeinnützigen Träger aufweist. Schließlich ist das Angebot von Coaching-Ausbildungen üblicherweise gewinnorientiert, unabhängig davon, ob es im Umfeld der Universität St. Gallen oder im Büro eines Senior Coach abgehalten wird. Wer in Niederkleveez Zugang zum Kursprogramm bekommen möchte, muss nicht allein bereit sein, sich in die Holsteinische Schweiz in das schlicht ausgestattete Haus mit anthroposophischem Charakter zu begeben. Darüber hinaus verlangt man von ihm den Nachweis einschlägiger beruflicher Erfahrungen als Trainer oder Coach. Aus diesen beiden Tätigkeitsfeldern finden sich genügend Interessenten, die zum einen an ihren Fähigkeiten zum Gruppentraining oder zum anderen an verschiedenen Coaching-Techniken von konfliktorientiertem Fragen bis hin zum Psychodrama, einer handlungsorientierten Psychotherapie, arbeiten möchten.

Beim Osterberg-Institut wird die Auffassung vertreten, im Coaching seien psychodramatische Verfahren unverzichtbar. Da diese aber ein hohes Maß an Intuition und einen sicheren Umgang mit der Methodik erfordern, stehe der Coach vor besonderen Herausforderungen. Er müsse einschätzen, für welche Fälle Psychodrama geeignet ist und welche einzelnen Elemente sicher angewendet werden können. Zudem sei es unabdingbar, dass er erkennt, wann es im Coaching-Prozess angeraten ist, diese Anwendung zu beenden. Im Rahmen der Ausbildung wird daher der Coach mindestens einmal in die Rolle des mit dem Psychodrama konfrontierten Klienten eintauchen. Bei diesen und anderen Angeboten haben die bereits praxisgewohnten Coaches die Möglichkeit, ihr methodisches Repertoire zu verfeinern. Das Beispiel aus dem Norden zeigt, wie fundiert die Ausbildung ablaufen kann, wenn die Standards hoch angesetzt werden.

Es gibt aber auch andere Beispiele aus der Branche, die erkennen lassen, dass die Geschäftstüchtigkeit ausgeprägter ausfallen kann. Hier ist die CA Coaching Academie GmbH zu nennen. Das von Maria und Stephan Craemer geleitete Bielefelder Unternehmen hat ein verschachteltes System von Kursen entwickelt, die aufeinander aufbauen. Wer hier eine zweistufige, sich über zwei Jahre erstreckende Ausbildung zum Coach absolvieren möchte, muss Zertifikate von Basis-Kursen aus dem eigenen Hause vorweisen. Sie tragen schlichte oder phantasievolle Namen wie »Das Training«, »Das BeziehungsTraining«, »KommunikationsTraining«, »GeldTraining« und »EmpowermentTraining«.

Insgesamt muss der künftige Coach mehr als 20 000 Euro für die Vorstufen und die umfassende Coaching-Ausbildung investieren. Das allein sagt freilich nichts über die Qualität des Bielefelder Angebots aus. Eigentümlich sei die »geradezu weltanschaulich-spirituelle Auflagung« des Ganzen, so der Psychologe Dr. Michael Utsch, der bei der Evangelischen Kirche Deutschlands (EKD) arbeitet. Dort gibt es seit Jahrzehnten ein Referat für die wissenschaftlich fundierte Beobachtung fragwürdiger weltanschaulicher Einrichtungen. Zur täglichen Arbeit gehört, dass Utsch auch ein kritisches Auge auf die Coaching-Branche wirft, wobei ihm die Bielefelder auffielen. Nach Selbstdarstellung der Coaching Academie ist die Ausbildung zum Coach für Menschen gedacht, die »mit ihrem Sein zum Leben der anderen beitragen wollen«. Man könne es sich zur Aufgabe machen, heißt es dort, »glücklich, kommunikativ, begeistert, aufgeschlossen und erfolgreich zu leben« und als »Quelle der Inspiration« mit Vorbildfunktion auf andere einzuwirken.[40]

Wenn die Ausbildung zum »kompetenten contextuellen Coach« in der ersten Stufe beabsichtigt, dem Novizen mentale und emotionale Stabilität sowie Einklang von »Körper, Geist und Seele« zu verschaffen, dann weicht dies durchaus von dem ab, was üblicherweise in der Ausbildung geschieht. Geht es sonst um Methoden und Techniken, die analytisches, zielorientiertes Fragen im Dialog mit einem Klienten ermöglichen, steht bei der Coaching Academie zu Beginn offenkundig die Selbstfindung und Stabilisierung der Kursteilnehmer im Fokus. Die Bielefelder Anbieter versäumen es dennoch nicht, die Effekte ihrer Schulung zu preisen: Führungskräfte würden nach Absolvierung der Stufe 1 ihre kommunikativen Kompetenzen verbessern und könnten dank der neu gewonnenen Selbstsicherheit und Lebensqualität ihren geschäftlichen Umsatz »teilweise um das Doppelte« steigern. Die Gleichung erscheint denkbar simpel: Ist der Mensch zufriedener, arbeitet er effektiver und verdient mehr Geld. So leicht ist das! Wenn Geschäftsleute, Lehrer, Ärzte und Psychologen die erste Stufe mit maximal 80 Kursteilnehmern absolviert und die Prüfung geschafft haben, erhalten sie ein Abschlusszertifikat, das ihnen zum »Aufbruch« verhelfe.

Als Zielgruppe der Academie-Ausbildung werden sogar Paare angegeben, die durch das Beziehungstraining etwas über »Männerermächtigungs- und Frauenerfüllungsprogramme« sowie »Potenzkommunikation« und Hingabe lernen. Von außen klingt dies nach einer eigentümlichen Mischung von Inhalten aus der Reichsmütterschule und paartherapeutischer Beratung. Was hat all das mit der Ausbildung zum Coach zu tun? Business Coaches wenden sich angesichts solcher Angebote angewidert ab. Es gibt viele eigentümliche Spielarten, zu viele nach dem Geschmack derer, die im harten Kern der Branche arbeiten. Einige von ihnen halten Life Coaching generell für schlichtweg überflüssig. Gleichwohl haben Anbieter wie die Bielefelder Coaching Academie einen beachtlichen Zulauf.

Bei aller inhaltlich begründeten Kritik ist festzuhalten, dass der in Bielefeld praktizierte Lehraufwand umfassend ist. Manche Anbieter verkaufen demgegenüber simpel gestrickte Crashkurse, die an ein paar Tagen durchgezogen werden, worauf es einen Stempel aufs Papier gibt – und fertig. Die qualitativen Mängel sind zwar allgemein bekannt, trotzdem führen sie zum Erwerb von Zertifikaten, die für die Kundenakquise von großer Bedeutung sind. Selbst etablierten Coaches, die als Trainer, Lehrbeauftragte oder Buchautoren weithin geschätzt werden, kann es unter Umständen Probleme bereiten, wenn sie die passenden Zertifikate nicht vorweisen können.[41]

Der Typus des autodidaktischen Individualisten unter den Coaches wird seltener, denn die Masse sucht gezielt nach substantiellen Fortbildungen. Ein Beispiel dafür ist Mike Aßmann, dessen Marketing- und Vertriebsberatung deutschlandweit und branchenübergreifend arbeitet. Aßmann, 39 Jahre, ehemals in Konzernen in Einkauf, Marketing und Vertrieb tätig, ist heute ein Spezialist für

Neukundengewinnung, Kundenbindung und Verkaufsförderung. Typische Aufträge sind etwa die Beratung eines von der Wirtschaftskrise gebeutelten Spediteurs bei der Entwicklung einer Alternative zum bisherigen Geschäftsmodell, Verkaufsschulungen für Mitarbeiter und Vertriebspartner oder die Unterstützung einer Steuerberaterin im unternehmerischen Denken und bei der Verbesserung ihres Führungsverhaltens. Aßmann pendelte inhaltlich zwischen Training und Beratung und gewann den Eindruck, dass ihm bei seiner Arbeit Coaching-Techniken helfen würden. Zudem wollte er über einen soliden methodischen Background verfügen, um damit seine Konkurrenzfähigkeit zu verbessern. Wer coacht, davon ist Aßmann überzeugt, kann lediglich durch permanente Weiterqualifizierung seinen Marktwert halten oder dauerhaft steigern. Um einen Vorsprung zu gewinnen, muss der Coach sich selbst in einen Top-Zustand bringen. Schließlich hänge die erfolgreiche Arbeit eines Beraters nur zu einem geringen Teil von der Sache ab, weitaus wichtiger seien Kommunikation, Rhetorik und Körpersprache. Da der Kunde Leistung, Qualität und Preis voraussetze, müsse am Auftritt gearbeitet werden.

Zur Optimierung seiner Fähigkeiten fiel Aßmanns Wahl auf NLP. Die Methode erlernte er in einem Kurs, der eng an dem amerikanischen Urheber der Technik, Richard Bandler, ausgerichtet war. Am Anfang stand der Neuro Linguistic Seller, ein Programm zu effektiverem Verkaufstraining. Dann folgten die nächsten Stufen mit NLP-Glaubenssatzarbeit und Selbstcoaching sowie der NLP Practitioner, der zum Therapieren qualifiziert. 2010 erreichte Aßmann den nächsten Grad, indem er sich zum NLP Master schulen ließ. Der zweiwöchige Kurs fand in

Italien statt und zählte 20 deutsche Teilnehmer. Dies mag ein Indikator dafür sein, dass NLP doch noch nicht so »verbrannt« ist, wie es viele Business Coaches mittlerweile einschätzen.

Wer aus freien Stücken systematisch Zeit und Geld in seine Qualifizierung investiert, will damit etwas erreichen. Allein Aßmanns letzter Kurs zum NLP Master kostete einige Tausend Euro. Dem Marketing- und Vertriebsspezialisten zufolge lohnte der Aufwand, denn für sein Arbeitsfeld biete Neurolinguistisches Programmieren »mächtige Instrumente«. Ihn begeistert, wie schnell und effizient sie in seiner beruflichen Praxis funktionieren. Allerdings kriegt bei manchem Unternehmen kein Coach einen Fuß in die Tür, der NLP anwendet. Nach einer Phase der Popularität, die bei Unternehmensberatern und Trainern begann, dann die Vertriebler und letztlich sogar die Führungskräfte im Unternehmenskontext erreichte, wird die Methode mittlerweile zwiespältig betrachtet. Vor allem, weil man darin eine Gefahr der Manipulation des Klienten durch den Coach sieht.

Derartige Kritik ist nicht neu. Bereits 2001, auf dem Höhepunkt der Popularitätskurve von Motivationstrainern wie Ulrich Strunz, Bodo Schäfer, Jörg Löhr und Jürgen Höller, berichtete der *Zeit*-Journalist Christian Schüle in einem »Die Diktatur der Optimisten« genannten Artikel distanziert über das Treiben der selbsternannten Gurus auf den Bühnen ausverkaufter Hotelsäle und Konferenzhallen. Ihr Versprechen lautete, Strategien zur Selbstvermarktung und Entwicklung von Kreativität sowie zu Selbst- und Zukunftsmanagement in mitreißender Art zu vermitteln. Es ging um »die ewigen Gesetze des Erfolges«, um »Präsentainment« und natürlich darum, das manchmal mehrere Hundert Teilnehmer zählende Publikum mächtig zu beeindrucken. Zur Beeinflussung des Un- oder Unterbewussten wendeten Höller und seine geschäftstüchtigen Konkurrenten auch NLP an. Schüle beschrieb die Technik als »psychologischen Mischmasch, der das Wort mit dem Denken, das Denken mit dem Willen gleichsetzt und mit der verbalen Suggestion das Gehirn neu formatieren, das Individuum auf die Schnelle verändern zu können glaubt«.[42] Die Kritik an der Neurolinguistischen Programmierung hat seither den Rahmen des Feuilletons verlassen und sich ausgeweitet. Nicht wenige Beobachter in der Personal- und Coaching-Branche meinen gar, NLP verführe zu übergriffig-manipulativem Verhalten durch den Anwender.

Mike Aßmann kennt derartige Vorwürfe. Er hält dagegen, dass die Möglichkeit eines Missbrauchs bei vielen Methoden gegeben sei. So könne etwa auch beim Einsatz von im Coaching üblichen Hypnosetechniken zum Nachteil des Klienten agiert werden. Für den Bielefelder Marketing- und Vertriebsspezialisten überwiegt bezüglich NLP aber das Positive, und zwar »eindeutig«.[43] Die gegenwärtige Abneigung gegen NLP im Coaching hält er für fadenscheinig und einseitig. Schließlich werde seiner Beobachtung nach in der Werbung, in Kampagnen der Pharmaindustrie oder auch in der Politik stark mit Suggestion und NLP-Techniken gearbeitet. Warum also sollte die Anwendung im Coaching Kritik auslösen? Schließlich musste er – wie auch die übrigen Absolventen der Kurse – vor dem Empfang des Zertifikats eine Erklärung unterschreiben, derzufolge er die nach Bandler erlernte Methode stets ethisch sauber verwenden werde.

Wie überall kommt es auch im Coaching auf den Menschen an und darauf, wie er seine Werkzeuge einsetzt. Der Effekt kann nützlich oder eben schädlich sein – ein Grund mehr für die Klienten und Kunden, mit offenen Ohren und Augen ins Coaching-Gespräch zu gehen. Blindes Vertrauen ist hier ganz sicher nicht angebracht.

Bindestrich-Coaching

Wie viele Coaches im deutschsprachigen Raum derzeit tatsächlich tätig sind oder sich so bezeichnen, ist nicht exakt zu ermitteln. Der Grund ist einfach: Es gibt keine Meldepflicht für dieses Gewerbe. Schätzungen gehen für Deutschland von 30000 bis 40000 Coaches aus. Allerdings sind die Verfasser der Marburger Studie über die Coaching-Branche der Auffassung, dass 2009 lediglich an die 8000 Coaches wirklich professionell arbeiteten. Die Übrigen, gewissermaßen die ausufernde Korona um den Kreis der gut ausgebildeten und nachgefragten Profis, sind Personen, die gelegentlich »auch mal coachen« oder aber ihre breit gestreuten Beratungs- und Lehrtätigkeiten aus modischen Gründen so nennen. Die gut Ausgelasteten sehen auf ihre minderbeschäftigten Kollegen herab und würden ihnen am liebsten den Status des Professionellen absprechen, denn: »Wann ist ein Coach ein Coach?« – »Dann, wenn er den Großteil seines Umsatzes mit Coaching verdient!« Für das Gros der Akteure hat diese Bestimmung einen unangemessenen, gar diffamierenden Charakter, denn auch wer nur von wenigen Klienten jährlich konsultiert wird, kann hervorragende Coaching-Arbeit leisten. Masse ist eben kein Ausweis für Güte, sondern vielleicht eher für ausgeprägtes Vermarktungstalent.

Nur 8000 Köpfe umfasst der »harte Kern«, der den Löwenanteil des Geschäfts in der Bundesrepublik unter sich aufteilt. Für das Jahr 2009 wurde das Volumen der hierzulande für Coaching getätigten Ausgaben auf 280 Millionen Euro beziffert.[44] Die Auswirkungen von Finanz- und Wirtschaftskrise fügten der bis dahin steigenden Kurve des Geschäftsverlaufs eine gewisse Delle zu. Infolgedessen sanken auch die durchschnittlichen Honorarsätze, aber unbeeindruckt davon geht man weiterhin davon aus, dass die Branche wachsen wird. Konzerne und große Körperschaften, die seit Jahren Coaching im Rahmen der Personalentwicklung einsetzen, etatisieren weiterhin hohe Budgets, die teils über eine Million Euro jährlich umfassen.

Es ist anzunehmen, dass sich in wenigen Jahren die Anzahl derer, die zum harten Kern zählen wollen, verdoppeln wird. Schließlich schulen an die 350 Ausbildungseinrichtungen im deutschsprachigen Raum wie am Fließband eine neue Generation von Coaches nach der anderen oder leisten professionelle Fortbildungen für Personaler und Führungskräfte, die dieses Feld berufsbedingt intensiver kennenlernen wollen. Neben dieses lukrative Kerngeschäft treten Angebote, die in den Augen der arrivierten Kräfte den Terminus Coaching zu Unrecht verwenden.

Der Psychotherapeut und Coach Walter Schwertl erklärte dazu in einem Fachdialog mit den Branchengrößen Dr. Ulrike Wolff, Gabriele Müller und Christopher Rauen, der »unendlich weit« geöffnete Coaching-Begriff lade dazu ein, »alle möglichen Dienstleistungen als Coaching sprachlich zu modernisieren«. Rauen schloss sich dem an, indem er »Tausende von Kleinanbietern« sah, die alles unter Coaching offerierten, was »in irgendeiner Form Akzeptanz« finden konnte. Zenmeister, Ökotrophologen oder Managementberater, so wusste Schwertl zu berichten, bezeichnen sich »plötzlich« in der Manier von Trittbrettfahrern als Coaches. Dadurch verliere der Terminus »jede Sinnhaftigkeit«. Der Markt ist mithin so anarchisch, dass es der Professionalisierung der Branche als auch dem Vertrauen der Kunden in die Dienstleistung abträglich ist. Schließlich kann sich mancher von dem Gemischtwarenladen Coaching schlichtweg abgeschreckt fühlen.[45]

Dem Erfindungsreichtum sind in der Tat keine Grenzen gesetzt: Beispielhaft dafür ist Artmapping, bei dem eine Kunst- und Ausdruckstherapeutin ihre Klienten mit Pinsel, Farben, Leinwand und der Aufforderung konfrontiert, während der Coaching-Sitzungen einfach zu malen, was ihnen in den Sinn kommt. Das soll zum einen entschleunigen und zum anderen den persönlichen Entwicklungsprozess des Klienten abbilden. Coaches, die das ansprechend finden, können sich bei der Anbieterin in der kunstvollen Methode ausbilden lassen, Kostenpunkt 3800 Euro.[46] Einfacher gestrickt ist das Angebot des Art-Coaches, der mit seinem Sachverstand als Kunstkenner bei der Ausgestaltung von Büros und Wohnungen hilft oder des Lauf-Coaches, der zum Preis von 35 Euro pro Person einigen Sportnovizen bei einer Jogginrunde um die Hamburger Außenalster beibringt, wie man gelenkschonend auftritt und richtig atmet. Hübsch erscheint auch der Charisma-Coach, der behauptet, durch effiziente Tipps die Ausstrahlung seiner Kunden zu steigern. Noch abstruser wirkt das Tarot-Coaching einer promovierten

Berliner Heilpraktikerin, das zur Konfliktbewältigung oder zur Prognose von Beziehungsverläufen dienen soll. Praxisorientiert erscheint dagegen wiederum der Dating-Coach, der den mutmaßlich Hunderttausenden kontaktarmen Singles im Lande zum Glück verhelfen will. Derartige und zahllose andere Angebote drängen in den letzten Jahren auf den Markt. Verständlicherweise ärgert diese verwässernde Entwicklung die Profis, die abschätzig von »Bindestrich-« oder »Pudel-Coaching« sprechen, wenn sie die Trittbrettfahrer meinen. Mittlerweile können ja selbst renitente Vierbeiner vom Coach betreut werden.

Was war eigentlich zuerst da? Die Nachfrage oder das Angebot? Vornehmlich in der Presse wird behauptet, dass erst das Angebot die individuellen Bedürfnisse hervorgebracht hat. In dem Sinne hat sich die Züricher Journalistin Birgit Schmid geäußert, während Klaus Werle im *Manager Magazin* davon sprach, dass der branchenspezifische Wirrwarr geradezu zum Missbrauch durch Blender und Abzocker einlade.[47] Von jeher gab es den Innenausstatter oder Dekorateur, dann kam der Feng-Shui-Berater hinzu und heute tritt der Art-Coach mit ihnen in Konkurrenz. Der Lauf-Coach hieß noch vor nicht allzu langer Zeit Personal Trainer, aber das neue Label scheint eben inspirierender zu klingen, und letztlich kommt der englische Begriff »Coach« ja tatsächlich aus dem Sport. Hier stimmt das Bild, was man vom Charisma-Coaching beileibe nicht sagen kann. Es gibt Dinge, die lassen sich nicht antrainieren. Menschen sind charismatisch oder eben nicht. Insider sehen an solchen Beispielen dokumentiert, dass die Branche an einem gravierenden Scharlatanerieproblem leidet. Mit Hypnose-, Tantra-Coaching oder anderer Psycho-Scharlatanerie und spirituell-aufgeladenem Wohlfühl-Humbug wollen sie nichts zu tun haben. Coaching, so eine weit verbreitete Wahrnehmung, sei einer »der derzeit am stärksten missbrauchten Begriffe«.[48] Und in der Tat: Wer etwas über Coaching wissen möchte, dem dürfte es wenig helfen zu googeln. Wegen des inflationären Gebrauchs des Begriffs führt die Internet-Recherche zu keinem klaren Ergebnis. Anders als beim Blick in den nächtlichen Himmel, wo altbekannte Sternbilder mühelos erkannt werden können, wächst die im Internet abgebildete Coaching-Galaxie exponentiell und bildet an den Rändern immer weitere, zum Teil chaotische Elemente aus.

Alles und jedes wird mit dem modischen Label versehen. So wird an den Universitäten Erfurt und Frankfurt beispielsweise »Antragscoaching« praktiziert. Damit sollen Nachwuchswissenschaftler fit gemacht werden für die möglichst effektive Einwerbung von Drittmitteln, die sie für ihre Forschungsprojekte benötigen.[49] Im Vergleich zu der aus Sicht der Universitätsleitung strategisch wichtigen Optimierung der Fördermittelakquise wirkt der »Aufräum-Coach« skurril, von dem ein ernst gemeinter Artikel der *Süddeutschen Zeitung* berichtet. Dem Blatt zufolge helfe er überforderten Individuen bei der Entwicklung einer Strategie der Entmüllung, beim Trennen von Wichtigem und Unwichtigem also. Dabei müsse der Coach »psychologisches Fingerspitzengefühl und viel Erfahrung im Umgang mit Menschen« mitbringen sowie die Fähigkeit, unnachgiebig zu sein. Der Aufräum-Coach, so die Verfasserin des Artikels, »unterstützt seine Kunden auch dabei, Dinge über Bord zu werfen und festgefahrene Einstellungen zu überdenken«.[50]

Klassisches Coaching, lösungsorientiert und mit klarem

Qualifikationsprofil, möchte man meinen. Als Dienstleister dieser Art könnte vermutlich die resolute Sekretärin arbeiten, die in die Selbständigkeit strebt, der seiner Stelle verlustig gegangene Quelle-Lagerist oder der abgebrochene Psychologiestudent. Der Artikel weiß zu berichten, der Aufräum-Coach sei ein Freiberufler mit noch weitgehend unbekanntem Betätigungsfeld, dessen Berufsbezeichnung keinem Schutz unterliege. Die passende Ratgeberliteratur für eine Existenzgründung als Aufräum-Coach liegt bemerkenswerterweise schon vor und wird zum Kauf empfohlen. Eigentümlich nur, dass das Buch von der Autorin des Artikels selbst stammt.[51] Sollte man der Zeitungsredaktion vielleicht gleich einen Berufsethos-Coach an die Seite stellen, der vor der Vermischung von redaktionellen Beiträgen und Werbung warnt?

Wenn die Läufer-Zeitschrift *Runners World* ein halbjährlich erscheinendes Sonderheft zum Thema Marathon unter dem Titel »Runners Coach« produziert, klingt dies plausibel. Ambitionierte Freizeitsportler können damit zur Vorbereitung auf ihre individuellen Lauf-Highlights Trainingspläne zusammenstellen, Orientierung in Sachen Ernährung, Ausstattung, Regeneration, Überlastung und Basisinformationen zu den angesagtesten internationalen Marathons finden. Ein Magazin, das inhaltlich aus dem Rahmen der regulären Ausdauersportzeitschriften fällt, hat die Chance, möglicherweise gerade durch das sportive und »hip« klingende Wörtchen »Coach« den Kaufimpuls bei den potentiellen Kunden auszulösen, die dann 5 Euro auf den Tresen legen. Billiger ist Coaching kaum zu haben, aber hier geht es ja nur um Sport, nicht um komplexe Karriere- oder Lebensorientierungsfragen.

Trittbrettfahrereien mögen die professionellen Coaches

stören, aber so ist das Geschäft. Wenn sich mit einem Begriff Aufsehen erregen lässt, dann wird er binnen kurzer Zeit überall eingesetzt. Beredtes Beispiel dafür ist »Nachhaltigkeit«. Von der ursprünglichen Verwendung in der Forstwirtschaft hat er sich mittlerweile auf alle nur erdenklichen Bereiche, zwischen Geldanlage, sozialem Engagement und Politik ausgedehnt. Allzu gerne schmücken sich Akteure damit, nachhaltig zu handeln, zu wirtschaften, zu bauen und zu planen. Das ist, da es nach Bewusstheit und Verantwortung klingt, en vogue. Der Terminus Nachhaltigkeit hat eine veredelnde Wirkung, wie auch Coaching. Gutes wird eben häufig kopiert, wogegen nicht viel zu sagen ist. Wenn es aber plagiiert oder gar korrumpiert wird, bringt das die Vertreter des Originals verständlicherweise in Rage. Genau das ist beim Coaching zu beobachten – als »Containerbegriff« kann er für jeglichen Inhalt verwendet werden.

Was ist die angemessene Reaktion auf den inflationären Gebrauch? Was ist davon zu halten, wenn der Fernsehsender RTL im März 2010 mit dem ehemaligen Geschäftsführer der Berliner Telefonseelsorge Jürgen Hesse einen »Job-Coach« auf Sendung gehen lässt, dessen erklärtes Ziel es ist, Arbeitslosen unter dem Titel *Endlich wieder Arbeit!* zu einer Stelle zu verhelfen? Vielleicht sollte man sich angesichts dessen in Gelassenheit üben und einfach abwinken. Im sogenannten Reality-TV laufen schließlich mehrere Formate, die vorgeben, Coaching zu praktizieren – wie das seit 2004 gesendete *Die Super Nanny*, in der die Diplompädagogin Katharina Saalfrank Eltern in Erziehungsfragen berät. Das Gleiche wäre angebracht, wenn ein »Einkaufscoach« gestresste Berufstätige modisch einkleidet.[52] Oder wenn im Abspann des Kinokrimis

Tannöd ein »Bayerisch-Coach« aufgeführt wird, der den Filmschauspielern den korrekten Dialekt antrainierte.

Letztlich belegen derartige Bezeichnungen vor allem eins: Der Coach gilt als Experte. Er ist ein Profi, dem man vertrauen darf, dem man im positiven Sinne nahezu alles zutrauen kann! Die allgegenwärtige Begriffsverwendung, die im Übrigen der Job-Coach-Sendung von RTL nicht zum Quotenerfolg verhalf, tangiert diejenigen nicht, die professionell Business oder Life Coaching anbieten und am Markt etabliert sind. Das zum Teil absurde Drumherum sehen sie höchstens als dissonante Begleitmusik ihres Arbeitsfeldes, das sie gelegentlich etwas indigniert zur Kenntnis nehmen. Dass ihnen ein direkter, wirklicher Schaden erwächst, ist nicht erkennbar. Als störend wird allerdings empfunden, dass der berufliche Status infolge der Trittbrettfahrer diffuser wird. Ähnlich ergeht es den »Beratern«, denn auch dort ist ein inflationärer Umgang mit einer ungeschützten Berufsbezeichnung zu verzeichnen, mittels derer manche ihre Tätigkeit in wichtigtuerischer Weise aufzuwerten suchen.

Öffentlicher Titelmissbrauch wie etwa die Bezeichnung als »Doktor« fällt unter Garantie irgendwann auf. Das belegen Beispiele wie das des CDU-Politikers Kai Schürholt, der 2007 für das Amt des Bürgermeisters im rheinland-pfälzischen Landau kandidierte und zur Steigerung seiner Wählerakzeptanz illegitimerweise den Titel eines Doktors der Theologie führte. Auch falsche Ärzte ohne Studium werden gelegentlich entlarvt. Diese mitunter durchaus talentierten Hochstapler können es sogar bis an den OP-Tisch bringen und dort herumpfuschen. Dagegen ist es im Coaching überhaupt kein Vergehen, sich einfach ohne jedwede Ausbildung oder Zertifizierung »Coach«

zu nennen. Wer will, der darf. Der Klient muss ihm die Kompetenz und Qualifikation nur abnehmen – und bereit sein, für die Dienstleistung zu zahlen. Freilich wirkt es professioneller und damit von vornherein überzeugender, wenn jemand am Münsteraner Prinzipalmarkt auf dem Schild seiner Praxis mit dem Titel Psychotherapeut für sich wirbt und neben Paar- und Familientherapie auch Coaching anbietet. In diesem Fall ist der Coach ein universitär ausgebildeter Psychologe. Man kann voraussetzen, dass er fundiert arbeitet, wenn er verspricht, Konflikte zu benennen, Blockaden aufzuheben und Problemlösungen den Weg zu bahnen.

Dagegen ist bei den Trittbrettfahrern eine derartige positive Grundannahme fehl am Platze. Es gibt eine ganze Reihe von Gefahren, die damit verbunden sein können, wenn jemand ohne wirkliche Eignung in die Lebenswege seines Gegenübers eingreift. Schließlich stellen sich bereits die gut ausgebildeten und zertifizierten Coaches oftmals die Frage, wie weit sie bei ihrer Arbeit eigentlich gehen dürfen. Scharlatane fügen ihren Klienten unter Umständen ernsten Schaden zu. Daher ist die Verärgerung und die Unruhe aufseiten von Coaching-Verbandsstrategen nachzuvollziehen. Schließlich haben sie ein konkretes Interesse daran, ihre Branche zu schützen und deren Ansehen zu wahren. Doch wie will man einen Geschäftsbereich disziplinieren, der offen zugänglich ist? Ärzte- oder Rechtsanwaltskammern haben ihre erprobten Mittel. Die Angehörigen dieser Berufsstände werden staatlicherseits stark reglementiert. Im Coaching wird so etwas kaum Einzug halten, schon weil die Masse derer, die in der Branche arbeiten, daran gar nichts ändern möchte. Viele Coaches gehen davon aus, dass sich der Markt automatisch bereinigen wird. Wenn es bei dieser Haltung bleibt, nehmen sie aber zwangsläufig in Kauf, dass viele Klienten im Coaching eine unnütze Leistung mit gutem Geld bezahlen oder sonstwie geschädigt werden. Beruhigend ist dieser Status quo nicht, im Gegenteil.

•••

Jährlich führt Deike Rickmers etwa 40 Einzel-Coachings im reinen Businesskontext durch. Die Klienten kommen aber nicht nur aus Berufs- und Karrieregründen, sondern auch wegen sehr privater Themen wie Abhängigkeiten und Krisen in ihrer Partnerschaft, in der Beziehung zu ihren Eltern oder ihren Kindern. Rickmers bietet demnach sowohl Business als auch Life Coaching an. Aufgrund jahrelanger Erfahrung weiß sie, dass berufliche Themen ohnehin stark mit privaten verwoben sind. Wer bei ihr zum Einzel-Coaching in ihrem Haus in der Nähe der Außenalster Platz nimmt, hält eingangs in schriftlicher Form Ziele und Visionen bezüglich der anstehenden Arbeit fest. Schließlich ist es für den Coach von eminenter Bedeutung zu wissen, wo sein Gegenüber eigentlich hin will. Überdies kann am Ende des Coachings geprüft werden, ob die Ziele erreicht wurden oder ob man nicht sogar in ganz andere Bereiche gelangt ist, die man zu Beginn nicht im Fokus hatte.

Life Coaches wird vonseiten der Business-Fraktion mit Vorliebe vorgehalten, sie seien weniger gut ausgebildet und ihnen fehle es an Professionalität. Das mag durchaus auf einen Teil der Anbieter zutreffen, die ohne wirkliche Qualifikationen auf den Coaching-Zug aufspringen. Wenn beispielsweise jemand Coaching zu Familienplanung und Fruchtbarkeit anbietet, der sonst eigentlich als Simultandolmetscher arbeitet, ist mehr als nur ein Stirnrunzeln angebracht. Das Gleiche gilt, wenn ein und dieselbe Person vorgibt, als Visagistin, Heilpraktiker, Imageberater, NLP Practitioner und Integrativer Coach arbeiten zu können. Die Versprechen angeblicher Alleskönner sollten skeptisch machen.

Eine pauschale Abwertung der Life Coaches ist allerdings falsch, denn viele von ihnen haben profunde Ausbildungen absolviert. Deike Rickmers etwa hat bei einigen Koryphäen der Psychologie gelernt und im Laufe der Jahre über 30 000 Euro für ihre Weiterbildung gezahlt. Zu ihren Lehrern gehörten unter anderem Dr. Hans Rosenkranz in München, bei dem sie zu Beginn der neunziger Jahre den Einstieg zu Themen wie Gruppendynamik und Organisationsentwicklung fand. Später absolvierte sie Weiterbildungen bei Dr. Gunther Schmidt in Heidelberg. Bei dem Wirtschaftswissenschaftler und renommierten Psychotherapeuten ging es auch um Systemische Familientherapie. Wer mit derartigem Rüstzeug und einer breiten Lebenserfahrung im Life Coaching arbeitet, verfügt über ein hinreichendes Repertoire, um seine Klienten emotional anzusprechen, ihre Verhaltensmuster und sozialen Systeme zu erkennen und sie bei der Findung eigener Lösungswege wirksam zu unterstützen. Rickmers bezeichnet ihre gesamte Coaching-Arbeit als Maßnahme zur Persönlichkeitsentwicklung ihrer Klienten, aber sie entwickle sich auch selbst dabei. Bereits die Ausbildungen hätten ihr viel gegeben, und durch die Praxis komme immer mehr an neuen Erkenntnissen hinzu, die ihr anderweitig von Nutzen seien.

Wer in kluger Weise an der Schnittstelle von Coaching und Therapie arbeitet, kann seinen Klienten eine ganze

Menge geben. Nur leider steht der Grad der tatsächlichen Kompetenz weder auf der Stirn eines Coaches noch auf seiner Homepage. Beim Business und Life Coaching gilt gleichermaßen, dass sich niemand von Äußerlichkeiten beeindrucken oder gar blenden lassen soll. So ist das blank gewienerte Messingschild am Hauseingang genauso wenig ein sicheres Qualitätsmerkmal wie die billige, an der schmuddeligen Glastür befestigte Namenstafel aus Plastik. Allerdings kommt es auch auf das dadurch vermittelte Gefühl bei den Klienten an. Den einen sprechen Teppiche und Bleiglasfenster im gediegenen Treppenhaus an, den anderen schrecken selbst Spinnengewebe und tote Fliegen auf dem Weg zum »Erfolgs-Coaching« nicht ab. Fraglich ist nur, ob der Anbieter wirklich auf all diese Elemente seiner Umgebung Wert legt.

Life Coaching boomt, zuallererst auf der Anbieterseite. Die höchste Dichte findet sich im Berliner Bezirk Prenzlauer Berg. Dort wimmelt es nur so von Adressen, die Familienberatung, Familienhilfe, Paarberatung und Coaching anbieten. Wer durch die Kastanienallee, durch die Oderberger-, Ryke-, Esmarch- und etwa Milastraße geht, trifft eben nicht nur auf Kneipen und Läden, die trendige Kleidung oder Wohnaccessoires verkaufen, sondern auch auf Praxen von Therapeuten und Coaches, auf NLP-Trainer und Kommunikationsberater. Das Coaching gehört einfach zur Welt der Jüngeren, Kreativen und Gutverdiener dazu, genauso wie das obligate WLAN-Netz in den Cafés, das der mit dem Laptop verheirateten »digitalen Bohème« die multioptionale Pflege ihrer sozialen Netzwerke oder das Arbeiten in der Öffentlichkeit ermöglicht. Weniger die Coachees als die Coaches gehören allerdings oft genug jenem universitär ausgebildeten Prekariat an, dem die »feste Stelle« eher fremd ist. Materiell leben sie von der Hand in den Mund, werden aber trotzdem in der Regel nur mit Smartphone, Designersonnenbrille und Latte Macchiato gesehen und stellen fraglos einen Teil dessen dar, was Berlin allseits so attraktiv macht.

Da nimmt es wenig wunder, dass in einem solchen Umfeld die Zahl von Angeboten für Coaching kontinuierlich wächst. Alle erdenklichen Bereiche werden abgedeckt, wobei sich Spezialisten herausbilden, die eben nicht nur »Wegbegleitung« durch alle Lebensphasen offerieren, sondern auch versuchen, mit phantasievollen Kombinationen von Coaching, NLP und Kinesiologie ihr Klientennetzwerk zu spinnen. All dies wird von Diplompsychologen, Therapeuten, Heilpraktikern und auch von Coaches jedweder Ausbildungsrichtung angeboten. Doch wer eigentlich kann ihre Dienstleistungen adäquat bezahlen? Was hieße hier überhaupt adäquat? Wer einen Stundensatz von nur 50 Euro erhebt, wird kaum mehr als seine Miete und sonstige Nebenkosten einspielen. Fragt man Business Coaches nach diesem Zweig der Branche, so bekommt man zu hören, es gebe bereits heute ein ausuferndes Coaching-Prekariat. Es verdiene nicht einmal Mitleid, weil seine Angehörigen bar jeden belastbaren Geschäftsmodells auf den Markt getreten seien.

Wer keine zahlungsfähigen Klienten findet, wendet sich schon einmal an Dritte, die die Kosten übernehmen könnten. Ein Coaching-Gutschein zur Stärkung des Selbstbewusstseins oder zur Standortbestimmung für einen geschätzten Freund? Das wäre in der Tat ein originelles Geschenk, selbst wenn es beim Empfänger vielleicht Irritationen auslöst. Auf der Suche nach Geldgebern werden sogar soziale Einrichtungen oder Stiftungen angesprochen. Die dabei verwendeten Argumente lauten beispielsweise, dass es gewissermaßen gemeinnützig sein würde, jemanden durch Coaching psychisch nachhaltig zu stabilisieren, so dass er sein Leben wieder energischer in die eigene Hand nehmen könnte. Ob solche Ideen tatsächlich Geld in den überbesetzten Markt der Life Coaches spülen, ist allerdings stark zu bezweifeln. Die Anbieter wollen mit den Menschen arbeiten und letztlich eigenständig davon leben. Dabei stehen sie in einem andauernden Wettbewerb mit einem Heer von Konkurrenten, die sich in der Hauptstadt beileibe nicht nur im Areal zwischen Rosenthaler Platz und Bötzowviertel tummeln. Ob man hier dereinst eine saturierte Coaching-Bohème vorfinden wird, die ihre Preise ein ums andere mal anhebt, bleibt abzuwarten. Wahrscheinlich ist es nicht.

Über nicht wenige der Angebote rümpft die tonangebende Fraktion der Business Coaches auch wegen der überaus eigenwilligen Methodik die Nase. Dazu gehört etwa das sogenannte Wingwave-Coaching, das vor einem Jahrzehnt von Cora Besser-Siegmund und Harry Siegmund entwickelt wurde. Das vorrangige Ziel lautet wie sonst im Coaching auch: Blockaden lösen, Kreativität steigern, Ziele erreichen. Das Hamburger Psychotherapeuten-Ehepaar widmet sich Feldern, die werblich gerne »Seelenflüsterei« genannt werden. Die Wingwave-Technik wird beispielsweise zum Coaching von Golfern, gegen Prüfungsstress und Zahnarzt-Panik, für Mütter von Kindern mit ADHS-Syndrom sowie für Auftritte von Künstlern angewendet.[53] Verhilft sie bei den Betreffenden zum besseren Handicap, zu angstfreierem Leben und zur ansprechenderen Bühnenperformance, dann ist dies begrüßenswert.

Längst ist Wingwave ein eingetragenes Warenzeichen, das als Schulrichtung Kreise zieht. Die Urheber und Lizenzpartner rühmen, sie wirke schon nach kurzer Zeit. Die dazu verwendete emotionale Methode vereine – laut Homepage der Berliner Wingwave-Akademie – »bilaterale Hemisphärenstimulation, wie beispielsweise ›wache‹ REM-Phasen aus dem EMDR, auditive oder taktile links-rechts Inputs, Neurolinguistisches Programmieren (NLP), kinesiologischer Myostatik-/O-Ringtest (Muskeltests zur gezielten Planung von optimalen Coachingprozessen und zur objektiven Erfolgskontrolle)«.[54] Wem dies wie eine schlecht übersetzte Gebrauchsanleitung eines technischen Geräts aus asiatischer Produktion vorkommt, kann erklärende Abhilfe im nächsten Absatz finden: »Der Wortbestandteil ›Wing‹ erinnert an den Flügelschlag des Schmetterlings, der nach der Chaostheorie mit einem Flügelschlag das Klima auf der anderen Seite der Erdkugel ändern kann, was gleichzeitig bedeutet, dass der ›Wing‹ für diese große Wirkung exakt an der richtigen Stelle ansetzen muss. Diesen exakten Ansatzpunkt gewährleisten wir durch den O-Ringtest (Kinesiologie). […] Das ›Wave‹ stellt eine Assoziation zum englischen Begriff ›brainwave‹ her, was sinngemäß […] ›Gedankenblitz‹ heißt. Und genau diese brainwaves werden durch wingwave®-coaching gezielt hervorgerufen.«

Die von Dirk W. Eilert geleitete Berliner Wingwave-Akademie bietet deutschlandweit Aus- und Weiterbildungen an, aber eben auch Supervision, Psychotherapie, Vorträge, Seminare für Firmen und Einzel-Coaching. 100 Euro pro Stunde werden fällig, wenn sich jemand zum Abbau von Leistungsstress, Heißhunger oder etwa in Fragen des Beziehungsstils coachen lassen will. Dass auf der Homepage unter den Referenzen allein elf Radiobeiträge mit Eilert aufgeführt werden, die im kirchlich orientierten, aber werbefinanzierten Lokalsender Radio Paradiso kamen, ergänzt das Bild in einer possierlichen Weise. Der Claim des Senders lautet: »Berlins bester Soft-Mix«. Vielleicht ist die Wingwave-Methode der beste Cocktail, den man aus Psychotherapie-, Wellness- und Coaching-Elementen mixen kann. Dass Eilert und seine vier mit der Akademie assoziierten Mitstreiter damit und davon gut leben können, gibt ihnen gewissermaßen recht. Eilert, 1976 geboren, ist bereits seit seinem 25. Lebensjahr im Coaching tätig. Die von ihm veröffentlichte Vita erscheint so unorthodox wie das Angebot, denn der Diplom-Verwaltungswirt war einmal Staatsbeamter, bevor er sich zum Ernährungsberater, Heilpraktiker, Psychotherapeuten, Trainer und eben Coach ausbilden ließ. Anfangs versuchte er es auf eigene Faust, dann aber schloss er sich dem Wingwave-Zirkel an.

Manchmal wirkt die theoretische Ummantelung eines Programms schon absonderlich. Ob aber ein Patient, Klient oder Kunde auf der Suche nach Hilfe, Zuspruch und Entspannung beim Wingwave-Coaching auf seine Kosten kommt, ist weder garantiert noch ausgeschlossen. Das allerdings gilt für sämtliche Coaching-Angebote im Life- oder Business-Bereich, welcher Schule sie auch angehören. Darüber hinaus gilt: Einigen kann der Pfarrer vielleicht besser helfen als jeder Coach, anderen das kollektive Erlebnis eines Fußballspiels und wieder anderen eben die Klangmassage oder gängige Wellnessangebote. Aus Sicht der Business Coaches ist Coaching freilich keine Wellnesstherapie. Und doch suchen nicht wenige Klienten etwas, das ihnen Lockerung und ein wohliges Gefühl beschert. Sie können durchaus im Life Coaching fündig werden, in dem fundierte psychologisch-therapeutische Elemente genauso enthalten sind wie Esoterisches und völlig Obskures. Darin liegen der Wert und die Gefahr dieses Angebots.

Surfer auf der Coaching-Welle

Rund 200 000 Euro Honorar erhielt der NDR-Fernsehredakteur Gerd Rapior zwischen 2004 und 2007 für »Mediencoaching«. Der Journalist machte unter anderem Politiker von CDU und SPD »kameratauglich«, womit umschrieben ist, dass er ihre TV-Wirkung auf das Wahlvolk optimieren wollte – für einen öffentlich-rechtlich beschäftigten Journalisten eine nicht ganz unproblematische Nebentätigkeit, die auch prompt zu Bestechungsvorwürfen in Kiel sowie zu staatsanwaltschaftlichen Ermittlungen gegen Rapior führte. Er wurde vom NDR suspendiert und kam seiner Entlassung mittels einer selbst eingereichten fristlosen Kündigung zuvor.[55] Genützt hat die Dienstleistung allem Anschein nach dem schleswig-holsteinischen CDU-Chef Peter Harry Carstensen, der erstmals 2004 von Rapior gecoacht wurde und im Folgejahr die Landtagswahlen gewann. An die 12 000 Euro soll die CDU im Norden an Rapior für seine Mediencoachings gezahlt haben, die eigentlich Medientraining heißen müssten. Auch hier, sei es durch den Anbieter oder durch die Presse, wird der Coaching-Terminus gerne verwandt, weil er mehr Attraktivität besitzt. Womöglich lässt sich dank dieses Labels sogar ein höherer Preis durchsetzen. Das macht Schule, nicht nur bei quer einsteigenden Journalisten, sondern auch in der Branche der PR-Berater, die in Deutschland ähnlich wie die Coaches an die 40 000 Köpfe umfassen, und bei den Trainern.

Jürgen Höller ist wieder da. Vor gut einem Jahrzehnt hatte er als euphorisch aufgenommener »Magier« unter den deutschen Motivationstrainern einen Sonderstatus inne. In seinen Massenhappenings gleichenden Seminaren »schulte« er angeblich eine Million Menschen. Doch nachdem er Ende 2001 mit seinem Weiterbildungsunternehmen Inline AG spektakulär Pleite gemacht hatte und anschließend wegen Untreue und falscher eidesstattlicher Aussage verurteilt worden war, verbrachte er über zwei Jahre im Gefängnis. Mittlerweile traut sich der 47-Jährige wieder in die Öffentlichkeit. Mit dem für ihn typischen Aplomb umgarnt er mit optimistischen Botschaften sein Publikum, das allerdings gegenüber früheren Zeiten an Prominenz, Klasse und Zahlungskraft verloren hat. Jetzt geht es nicht mehr um den mentalen Rückenwind für die Leverkusener Fußballmannschaft im Titelkampf gegen Bayern München oder die geschäftliche Selbstverwirklichung in der New Economy, sondern um profanere Ziele wie Werben und Verkaufen.

Der gelernte Speditionskaufmann Höller ist ein begabter Redner mit bemerkenswerter Bühnenpräsenz. Neuerdings sucht er durch die Verwendung der Vokabel Coach zu reüssieren. So firmiert er unter anderem als »Erfolgscoach« und »Motivationscoach«. Die Bezeichnung »Trainer« wurde damit in zeitgemäßer Anpassung ergänzt, wohl weil damit bei der Internet-Recherche eine höhere Trefferquote zustande kommt und mehr potentielle Klienten auf seine Website gelenkt werden. Dort wird neben Motivationsstrategien und Rhetorikseminaren auch Persönlichkeitsentwicklung als Betätigungsfeld des Franken aufgeführt. Ob die Verwendung des Coaching-Labels in irgendeiner Weise legitim und angebracht ist, stellt niemand in Frage. Dabei lässt sich das Publikum von Höllers Veranstaltungsreihe »Power-Day« von ihm wie einst erklären, dass man, als Adler geboren, aber im Hühnerstall gelandet, nur fliegen wollen müsse, um endlich die eigentliche Kraft zu entfalten ... [56] Das hat nichts mit Coaching zu tun, denn es ist ein Element der Think-Positive-Technik, mit der der verkappte Motivationsguru von jeher arbeitet. Bezüglich einiger Ziele seiner Arbeit und des Einsatzes von NLP mag eine gewisse Überschneidung mit Coaching vorliegen, doch wenn überhaupt, dann arbeitet Höller wie ein Mannschaftscoach, der Hunderten gleichzeitig beibringen will, wie sie ein »erfolgreiches und glückliches Leben« leben.[57]

»Von Muhammad Ali lernen heißt führen lernen.« Mit diesem Spruch promotete der Führungskräftetrainer und Coach Dr. Kai Hoffmann sein vor einigen Jahren erschienenes Werk *Boxen & Managen*. In der Masse der Ratgeberliteratur stellen die Inhalte von Hoffmanns Buch keine Ausnahme dar, denn darin geht es um gängig erscheinende Führungsweisheiten und Strategien zur Überwindung der eigenen Grenzen. Welcher Chef ist schon wirklich frei von mentalen Barrieren? Wer will nicht über mehr Zielstrebigkeit, Präzision und Siegeswillen verfügen? Das eigentlich Originelle war, dass Hoffmann eine Methode entwickelte, die er psychoanalytisch-systemisches Box-Coaching nennt. Diese Verbindung von Coaching und körperlichem Fight ist etwas Außergewöhnliches, denn üblicherweise sitzen Coach und Klient einander im kultivierten Zwiegespräch gegenüber. Faustkampf für Anzugträger gibt es im Übrigen schon seit längerem. Es kam vor über einem Jahrzehnt als »white collar boxing« vom Ursprungsort New York über London nach Deutschland. Wenn aber die Bürohengste beispielsweise im Hamburger Universum-Stall von Peter Kohl in den Ring stiegen, lautete das Ziel »Schwitzen bis der Arzt kommt« und nicht etwa, geradliniger führen zu können. Mit Spaß-Boxen hat Hoffmann nichts zu tun. Er bezieht den Faustkampf in seine Einzel-Coachings ein, oder aber er nutzt ihn als Teil seines Motivationstrainings für größere Gruppen aus Firmen, die ihn dafür buchen. Die Liste der Nachfragenden reicht von Banken, die durch schwere Zeiten gehen, über das Pharmaunternehmen Roche bis zum Otto-Versand.

Hoffmann ist passionierter Boxer, seit mehr als 30 Jahren schon. Daher kann er selbst mit seinen Klienten fighten. Um die Authentizität zu steigern, zieht er aber gerne Profis wie den ehemaligen Superschwergewichtler Uli Kaden hinzu. Der ist zwar mittlerweile fast 50 Jahre alt, aber er versteht sein Handwerk immer noch. Ohne Kopfschutz und mit Handschuhen vor dem einstigen Europameister zu tänzeln und mit ihm beherzte Schläge auszutauschen, hat etwas von einer besonderen Herausforderung. Klienten von Einzel-Coachings werden nicht einfach in den Ring gestellt. Zuvor werden mit ihnen Problemfelder, Wünsche und Ziele besprochen. Dabei kommen klassische Coaching-Techniken zur Anwendung, wie etwa das Innere Team oder die gestalttherapeutische Stuhltechnik, bei der man angesichts eines leeren Stuhls seine Gefühle auf eine dort in der Vorstellung sitzende konkrete Person projiziert, um Beziehungs- sowie Konfliktklärungen zu erreichen. Erst danach werden die Handschuhe angezogen ...

Hoffmann, der von Hause aus Systemischer Coach ist, erlebte wiederholt, dass seine Klienten durch die direkte Erfahrung des Boxens ihre Ängste vor den eigenen Schwächen ablegen und im wörtlichen Sinne lernen, »Niederlagen und Schläge wegzustecken« oder eben auch die »Gradlinigkeit der Selbstbehauptung« wagen. Der Grund ist einfach: Im Regelfall gehört eine körperliche Auseinandersetzung für die meisten von ihnen nicht zum Verhaltensrepertoire. Dem Coach zufolge sei es daher für sie äußerst erhellend, eine »positive Aggressivität« zu praktizieren und ein starkes Selbstwertgefühl aufzubauen, das sie unabhängig von direkten äußeren Einflüssen mache.[58] Wer eine blutige Lippe oder ein Veilchen davonträgt, sei sogar stolz darauf, denn es werde als Zeichen eigenen Mutes empfunden.

Gerne erinnert sich Hoffmann an einen vom Typ her eher zaudernden Klienten, der ihn aufforderte, doch einmal stärker zur Sache zu gehen. Daraufhin traf er sein Gegenüber mit einem Lucky Punch aufs Kinn und schickte ihn zu Boden. Der Klient war sogar drei Sekunden ohne Bewusstsein. Danach stand er auf, merkte, dass selbst dies nicht besonders schlimm war, strahlte und verhielt sich wesentlich angstfreier als vorher, sprich: er wurde selbstbewusster und konfliktfreudiger. In Hoffmanns *Boxen & Managen* ist eine Passage enthalten, die unter der Überschrift »K. o. ist auch mal o. k.« darstellt, wie wichtig die Erfahrung ist, eine Niederlage zu verarbeiten – und wieder aufzustehen. Er beabsichtigt, dass sich seine Klienten im Nachhinein an die Energien erinnern, die das Box-Coaching in ihnen auslöste. Im emotionalen

Gedächtnis sitze die Erfahrung, dass sie entschlossen und mutig in einen Konflikt gegangen sind, um sich im Fight zu behaupten.

Seitdem Hoffmann im Jahre 1998 mit Box-Coaching auf den Markt trat, führte er Hunderte dieser Coaching-Kämpfe durch. Unter seinen Klienten waren ganz unterschiedliche Männer, wobei das Gros aus Führungskräften bestand. Da alle etwas erreichen wollten, waren sie mit Engagement bei der Sache und ließen im Ring mit ihren Sparringpartnern nicht nur voller Enthusiasmus ihre Fäuste fliegen, sondern fanden auch zu neuen Erkenntnissen über sich selbst: »Wie agiere ich?« – »Was sind meine Werte?« – »Welches Ziel will ich wie erreichen?« Und letztlich: »Welche Fähigkeiten habe ich neben den mir bekannten?« Diese Fragen, so Hoffmann, konnten mittels des herausfordernden Mediums Boxen in frischer Art und Weise gestellt und beantwortet werden. Er bezweifelt, dass seine Klienten auf anderem Wege ähnlich schnell so weit gekommen wären.

Es wirkt schon speziell, wenn ein Coach wiederholt zu den Boxhandschuhen greift, der früher als Kulturmanager tätig war und heute neben seiner Beraterpraxis als Philosophiedozent unterrichtet. Die atavistisch anmutende kämpferische Auseinandersetzung mit einem Gegner übt auf nicht wenige »geistig« arbeitende Zeitgenossen eine Faszination aus. Beispielhaft dafür ist der Sozialwissenschaftler Jan Philipp Reemtsma, der als Boxfan stundenlang TV-Aufzeichnungen der Fights von Muhammad Ali anschauen und über den unnachahmlichen Champion eine lebensphilosophische Betrachtung verfassen konnte.[59] Hoffmann, der als Führungskräftetrainer und psychoanalytisch-systemisch orientierter Coach arbeitet, hat mit der

Instrumentalisierung des Boxens eine Nische besetzt. Ist er damit ein illegitimer Surfer auf der Coaching-Welle? Oder einer, der den unstillbaren Drang von Männern und zunehmend auch Frauen nach neuen Kicks geschickt ausnutzt? Letzteres mag sein, doch eines ist sicher: Seine Methode bedient ein weit verbreitetes Bedürfnis, und viele Unternehmen schätzen Hoffmanns ausgefallenes Angebot. Zum Leben reicht das freilich nicht. Daher arbeitet er auch im Change Management, in der Supervision und hält Seminare zur Persönlichkeitsentwicklung ab. Mit diesem Portefeuille fällt niemand auf, mit den Boxhandschuhen aber sehr wohl. Und der gesteigerten Aufmerksamkeit kann Hoffmann sicher sein, wenn einer seiner Klienten beiläufig fallen lässt, das blaue Auge habe er im Coaching verpasst bekommen ...

Mit dem Coaching ist es wie am Nordseestrand, wo von der Flut ständig etwas Neues angeschwemmt wird. Recherchiert man im Internet nach weiteren mittlerweile feilgebotenen Coaching-Varianten, kann man sicher sein, bald jeden Tag eine neue Spielart vorzufinden. Angebote sind darunter, von deren Existenz man selbst bei begabter Phantasie nicht einmal zu träumen wagte: Coaching beim Schwimmen mit Delfinen in der Türkei, Führen mit Pferden, Leadership lernen von Wölfen oder Wandern mit Lamas? Letzteres dient nicht etwa der Entspannung gestresster Städter, wie das von einigen Milchbauern angebotene, aus den Niederlanden kommende Kuscheln mit Kühen, sondern dem Führungskräftetraining, so die werbliche Darstellung von Coach Annette Götzel: Man könne »mit Lamas auf Augenhöhe, [...] begleitet von einer erfahrenen Persönlichkeitstrainerin« unter anderem Führungsstil und Kommunikation überprüfen.[60] »Tierisches Feedback ist ehrlich und neutral«, heißt es weiter, und das Lama sei »ein absolut unbestechlicher Coach«. Man solle »rechtzeitig« das »Ticket in eine andere Welt« buchen, denn tiergestütztes Coaching wirke nachhaltig und mache Freude.

Eigenartig daran ist, dass die Idee mit den Lamas nicht vom Coach stammt, sondern von einer Heilpädagogin. Susanne Ott arbeitet seit 2007 tiertherapeutisch, unter anderem mit verhaltensgestörten Kindern und Jugendlichen sowie mit geistig Behinderten im baden-württembergischen Kraichgau. »Businesscoach und Wertemanager« Götzel ist lediglich ein Kooperationspartner. Offenbar steht dahinter die Überzeugung, dass sich der therapeutische Nutzen beim Umgang mit Tieren, den etwa verhaltensauffällige Jugendliche haben, auch bei Führungskräften einstellen kann. Nun ja, es ist sicherlich exotischer, mit einem Lama zu wandern, als etwa den übermütigen Boxerrüden der Nachbarn auszuführen. Aber darf man wirklich etwas als »Coaching« offerieren, was unter Umständen am gleichen Tag in der Pädagogik als »Therapie« praktiziert wird?

Die als Coach und Organisationsberaterin arbeitende Irina Schefer, die sogenanntes Wolfs-Coaching praktiziert, meint selbstkritisch über ihre Kollegen, es dränge sich der Eindruck auf, dass im umkämpften Markt von weniger qualifizierten Mitstreitern »irgendein Tier« ausgewählt werde, um ein Alleinstellungsmerkmal zu haben. Dabei würden gegenüber den Klienten mitunter bloß oberflächliche Analogien aus dem Verhalten der Tiere abgeleitet. Schefer setzt einen ironisch klingenden Punkt mit der abschließenden Formulierung: »Aber wer weiß: Man kann sicher auch von den Lemmingen irgendetwas lernen.«[61]

Mittlerweile sind zahllose ausgefallene Leistungen buchbar. Attraktiv klingende Events oder klassische Urlaubsaktivitäten erhalten auf einmal das Siegel »Coaching« und erscheinen dadurch veredelt: Man segelt nicht mehr einfach zur Entspannung durch die Ägäis, sondern absolviert ein Coaching durch Teambuilding beim maritimen Törn. Etwa unter Anleitung des als Management-Coach arbeitenden einstigen Weltklasseseglers Andreas John, der dem *Manager Magazin* zufolge von der Dresdner Bank »allzu nassforsche Nachwuchsführungskräfte für eine milde Form des Waterboardings überwiesen« bekam.[62] Ein Schelm, wer dabei an einfallsreiche Geschäftemacherei denkt … Aber wenn es bezahlt wird und sich danach die nunmehr wind- und wettererprobten Klienten besser fühlen, dann ist es vielleicht wie mit den maskulinen Herrenarmbanduhren, die von Officine Panerai zu astronomischen Preisen verkauft werden: Man erwirbt ein schmückendes Accessoire, ein individuell inspirierendes Kleinod, das zur Hebung des Selbstbewusstseins oder zu äußerem Statusgewinn führen kann, ungeachtet der Tatsache, dass man sich einer seriell gefertigten Illusion hingibt. Für das zahlungskräftige Alphatier der Gegenwart, das auf Veredlung durch permanente Optimierung setzt, wird, wie es scheint, eine ganze Menge aufgefahren.

Sektierer und Spirituelle

Sofern ein Coach einen fachlichen Hintergrund hat, der auf einem Studium von Psychologie, Betriebswirtschaft sowie einer früheren Tätigkeit als Unternehmensberater oder Personaler aufbaut, kann sich der Klient eine konkrete Vorstellung davon machen, mit wem er es zu tun hat und mit welchen Instrumenten er im Arbeitsprozess konfrontiert wird. Falls der Coach einer der großen Kirchen und Orden angehört oder etwa für die Caritas arbeitet, ist dies ein handfester Hinweis auf seine weltanschauliche Orientierung. Beides ist aber nicht mehr gegeben, wenn der Coach Angehöriger der florierenden Psycho-Szene oder Jünger fernöstlich-spiritueller Schulen ist.

Der bei der EKD in der Zentralstelle für Weltanschauungsfragen arbeitende Psychologe Michael Utsch nimmt auch die Coaching-Branche unter die Lupe, seit Jahren schon. Grundsätzlich hat er an deren Arbeit nichts auszusetzen. Utsch sieht die stark gestiegene Konsultierung von Coaches als Indiz dafür, dass wir es verlernt hätten, »gut für unsere Seele zu sorgen« und »innere Zwiesprache« zu halten. Die stete Sehnsucht nach verlässlichen Beziehungen, nach dem Feedback alter Freunde, werde nicht mehr erfüllt. Daher wichen zahlreiche Menschen ins Coaching aus, das der Psychologe als »eine gekaufte Freundschaft« empfindet.[63] Schließlich werde für etwas bezahlt, was in einem normalen sozialen Gefüge selbstverständlich sein sollte. Wenn die Arbeit von Coaches stets umsichtig und mit offenen Karten ablaufen würde, könnte der EKD-Psychologe seine Beobachtung einstellen. Das ist aber beileibe nicht so.

Es kann nicht weiter überraschen, dass an der sensiblen Schnittstelle zwischen allseits erwarteter persönlicher Performance und teils Orientierung suchendem, zweifelndem oder gar überfordertem Individuum auch weltanschauliche Rattenfänger ansetzen. Das haben nicht zuletzt jene Unternehmen erkannt, die Coaches beauftragen. Niemand der dort Verantwortlichen möchte beispielsweise, dass auf Firmenkosten Scientologen die eigenen Mitarbeiter coachen.

Längst gehen die Personalabteilungen entschieden vor, um den Einzug der Seelenfischer in die Unternehmen zu verhindern: Externe Coaches und angestellte Personaler müssen per Unterschrift erklären, dass sie keine Scientology-Methoden anwenden. Nach dem Gründer der umstrittenen psycho-religiösen Sekte wird dies die »Hubbard-Klausel« genannt.[64] Im Gegenzug wird es kein im Business-Kontext aktiver Coach riskieren, entsprechend aufzufallen, denn dann wäre er für Firmenkunden schlichtweg erledigt. Dies ist nicht unproblematisch, denn man stelle sich vor, über einen Anbieter würde von Konkurrenten das Gerücht verbreitet, er sei Scientologe. Solche Diffamierungen kommen in allen möglichen Bereichen des Geschäfts- und Berufslebens vor, womöglich auch im Coaching. Für Dr. Hansjörg Hemminger, den Weltanschauungsbeauftragten der Evangelischen Landeskirche Württembergs, wäre das nichts anderes als unlauterer Wettbewerb. Daneben begrüßt der Stuttgarter jedoch die konsequente Position von Unternehmen gegen Scientology. Solche Ausgrenzungsstrategien, davon ist der Wissenschaftler überzeugt, verhindern in Deutschland und Europa, dass Scientology wächst und an die Schalthebel von Wirtschaft und Politik gelangt.

Stephan Ludwig, der als Leiter des Hamburger Instituts für Integrales Erfolgs-Coaching sowohl im Business als auch im Life Coaching arbeitet, sieht in der Abwehrhaltung gegen Scientology eher eine gängige Reaktion der menschlichen Psyche: Jedes Kollektiv müsse »das Böse« auf etwas projizieren. Und dafür eigne sich die Scientology-Kirche offenbar besonders gut; sie fungiere als Chiffre für das Ungewohnte und Fremde.[65] Scientology stellt somit auch in der Coaching-Branche in Deutschland – anders als in den USA, wo die Grundeinstellung tolerant ist – ein klares Feindbild dar, auf das man sich einigen kann. In international aufgestellten Unternehmen kann dies durchaus zu Problemen führen, denn ein zu Scientology gehörender Coach darf zwischen Los Angeles und New York jederzeit Mitarbeiter coachen, nicht aber die einer Tochterfirma in Berlin – ein störendes Moment in einem ansonsten globalisierten Geschäftsablauf.

Doch wie steht es mit Sekten, wie mit den Fundamentalchristen oder etwa dem erzkonservativ-katholischen Opus Dei? Könnten Coaches dieser Provenienz nicht auch Schaden anrichten, wenn sie beispielsweise das Vertrauen des Top-Managements gewinnen? Hierzu gibt es auch bei den kritischen Beobachtern keinen weiterführenden Kenntnisstand. Es wäre bedenklich, aber konkrete Fälle sind soweit nicht bekannt geworden.

Sicher ist: Viele Klienten wollen durch die Hinzuziehung eines Coaches existentielle Fragen klären. Und wenn es um Werte, Sinnfindung und Lebensdeutung geht, werden schnell Fragen der Weltanschauung und Religion berührt. Daher skizzieren viele Coaching-Anbieter auf ihren Homepages auch ihren weltanschaulichen Deutungsrahmen. Dagegen ist an sich nichts einzuwenden – und doch bleibt ein Restzweifel: Wie weit darf der Coach mit seinem Klienten gehen? Wohin führt er ihn – möglicherweise ohne dass dazu der Auftrag erteilt wurde oder auch nur das Bedürfnis danach besteht? Unschwer nachvollziehbar ist, wie gefährlich es sein kann, seine innersten Probleme vor einem Coach auszubreiten. Nicht von ungefähr mahnen Internetforen wie coachingberlinblog.com, der Klient solle bei der Auswahl des Coaches mit Bedacht und kritisch vorgehen. Die Stellungnahme gipfelt in dem Satz: »Sie würden sicher nicht jeden in Ihr Haus lassen. Genauso wenig lassen Sie jeden ungefragt in Ihren Kopf!« Dort aber – so die Vermutung – wollen einige Anbieter mit unlauteren Absichten eindringen. Wer ist wirklich gefeit vor manipulativen Eingriffen, wenn er jemanden so nah an sich heranlässt, wie es beim Coaching üblich ist? Man muss nicht gleich den Teufel an die Wand malen, doch Missbrauchsgefahren bestehen offenkundig.

Von entscheidender Bedeutung ist Utsch zufolge, wie sichtbar sich ein Anbieter weltanschaulich positioniert. Wenn man einen Mönch, einen Geistlichen oder einen tibetischen Buddhisten konsultiert, kann man sich unschwer vorstellen, welch Geistes Kind er ist. Hier ist das nötige Transparenzgebot eingehalten, wobei der Klient bewusst entscheiden kann, ob er den Arbeitsprozess beginnt. Wenn aber eine verschleierte Einflussnahme stattfindet, dann ist das nicht allein aus Sicht von kirchlichen Beobachtern inakzeptabel.

Dass in der Coaching-Branche Mitglieder früherer Sekten aktiv sind, die ihre Absichten und Methoden verbergen, ist offenkundig. Ein Beispiel dafür wäre das Kölner Osho-Bhagwan-Institut. In den frühen achtziger Jahren waren die Sannyasins im sogenannten Belgischen Viertel der Domstadt absolut hip. Beispielsweise zog es Jugendliche und Studenten in Scharen in die Bhagwan-Disco in der Venloer Straße, ohne dass sie der Sekte tatsächlich angehörten. Der süßlich-gewinnend lächelnde Inder Rajneesh Chandra Mohan besaß Kultstatus. Seine unter dem Namen Bhagwan vor allem in der westlichen Welt Zuspruch findende Bewegung florierte über mehr als ein Jahrzehnt. Ihr offizielles Kernelement war ein selbstentwickeltes Therapie- und Meditationsprogramm, das innere Glückseligkeit verhieß. Inoffiziell – und vorrangig – ging es allerdings um die enge Bindung der Anhänger an die Sekte zwecks finanzieller Abschöpfung – schließlich musste das Luxusleben des »gesegneten« Meisters irgendwie finanziert werden, dessen überbordende Rolls-Royce-Vorliebe eine Zeit lang die Gazetten beschäftigte.

Ab Mitte der achtziger Jahre flaute die Begeisterung für die Bhagwan-Bewegung ab, worauf die in orangerote Gewänder gekleideten und mit einer Holzperlenkette ausstaffierten Anhänger aus dem Straßenbild verschwanden. 1991 verstarb der Gründer, und auch seine Sekte überdauerte die Zeiten nicht. Es gibt Reste, die längst nicht mehr unter der Bezeichnung Bhagwan firmieren, sondern als Osho. Wie einst liegt aber die Zentrale im indischen Poona, das mittlerweile wie ein spirituelles Urlaubs-Resort funktioniert.

Im deutschsprachigen Raum gibt es einige Osho-Zentren, so etwa in München und eben in Köln an der altbekannten Adresse im Belgischen Viertel. Wie früher kann man dort tanzen, vegetarisch essen gehen oder meditieren, mal mehr, mal weniger eingebettet in fernöstlich durchsetzten Wellness-Chi-Chi. Überdies bietet das sogenannte Osho UTA Institut für spirituelle Therapie und Meditation unter anderem Business Coaching an. Das könnte die Nutzer stutzig machen, doch Utsch vermutet, den meisten von ihnen sei nicht bewusst, dass dort nach klassischen Bhagwan-Methoden gecoacht wird. Unklar ist, ob hier lediglich harmlose Arbeit abläuft, die ihren Klienten ganz à la mode zu Entschleunigung und Achtsamkeit verhilft, oder ob von den Anbietern eine reale Gefahr für das seelische Gleichgewicht der Coachees ausgeht. Von bedenklichen Auswirkungen auf die Klienten ist bislang jedenfalls nichts bekannt. Wahrscheinlich geht es – daran ist nichts Ungewöhnliches – primär ums Geschäft. Da es eine Nachfrage nach Bhagwan-Coaching und -Therapien gibt, werden eben die Chancen des Marktes genutzt.

Praktischerweise werden in den deutschen Osho-Zentren auch Therapeutenausbildungen wie zum NLP Practitioner abgehalten. Diese Qualifikation, die zur Anwendung der auf Verhaltensanalyse basierenden Kommunikationstechnik befähigt, ist bei einer ganzen Reihe von Coaches jedweder Ausbildungsrichtung Standard. Man kann sich an der hauseigenen Osho-Akademie in Köln auch zum Spirituellen Coach ausbilden lassen. Der für Teilnehmer über 30 Jahre angebotene Jahreskurs kostet überschaubare 3800 Euro, »inklusive Unterkunft im Seminarraum, wenn gewünscht«.[66] Kursleiter Klaus Peter Horn, ein promovierter Psychologe, der 1976 in Indien zum Sannyasin wurde, ist ein Multitalent: Seiner Selbstdarstellung nach arbeitet er als Coach, Trainer und Berater in Unternehmen und Organisationen. Daneben veröffentlicht er Sachbücher und bildet aus. Sein thematischer Schwerpunkt ist Systemisches Coaching und Organisationsaufstellung. Das klingt wie bei Hunderten anderen Coaches in Deutschland, wenn da nicht die Bhagwan-Provenienz und die Assoziierung mit der Osho-Akademie wären. Für die einen ist dies ein Grund, einen weiten Bogen darum zu machen, für die anderen erscheint das spirituell aufgeladene Coaching-Angebot gerade deshalb attraktiv. Hansjörg Hemminger beurteilt die ehemaligen Sannyasins im Coaching entspannt: Da die eigentliche Bhagwan-Organisation nicht mehr existiere, gebe es kein Bestreben, die Leute in eine Sekte hineinzuziehen. Esoterische Selbstfindungsseminare, die mit Coaching verschmolzen werden, hält der Stuttgarter daher nicht für problematisch, sondern für einen Beleg zeitgemäßen Marketings.[67]

Die Sehnsucht nach Orientierung und Sinnsuche führt manchmal auch direkt in den Orient. So wird spirituelles Life Coaching in Indien von Deutschen praktiziert, die dort eine »Meister«-Ausbildung erhielten und deutsche Klienten in exotischer Umgebung coachen. Es gibt allerdings auch die Pendler unter ihnen, wie etwa Christiana Jacobsen, die unter dem Namen Mandakini arbeitet. In Überlingen am Bodensee ist sie genauso tätig wie in Westfalen, Irland und Indien. Dort nämlich bietet die spirituelle Lehrerin einmal monatlich eine »Satsang«-Begegnung an, wobei man »in Stille und Wahrheit« zusammenkomme. Ihrer Eigenwerbung zufolge sei die Deutsche in jungen Jahren »mit dem Herzen Jesus und Buddhas« sehr verbunden gewesen und einst mit Bhagwan und anderen Erleuchteten persönlich zusammengetroffen. Heute bietet Mandakini unter anderem Aufstellungen, Coaching für Paare und die Ausbildung zum Life Trainer an. Arrivierte Business Coaches beurteilen solche Angebote als sonderliche Blüten, wenn nicht gar als Scharlatanerie. Christopher Rauen, Coaching-Unternehmer und seit einigen Jahren Erster Vorsitzender des DBVC, meint nüchtern, es gebe in Deutschland ein bemerkenswert großes »Bedürfnis nach Unfug«. Schon allein die Tatsache, dass etwa zwei Millionen Menschen an Astrologie glaubten, sei ein Indikator dafür. Warum sollte gerade die Coachingbranche davon verschont bleiben?

Hier tummeln sich viele Hundert Anbieter von spirituellen Dienstleistungen, die zusätzlich zu ihrer teils wunderlichen Psycho-Selbstdarstellung in geschickter Weise die Terminologie seriöser Coaches imitieren, um weitere Klienten zu werben. Spirituelle Coaches können an der nächsten Ecke, auf dem Land in Schwaben und in der Großstadt arbeiten, oder eben in Indien, je nachdem wo ihre Kundschaft ansässig ist oder wohin es sie zieht. Der an die Strände von Goa pilgernde Erleuchtungs-Tourismus der Hippie-Zeiten ist zwar weitgehend vorbei, trotzdem scheint es in Deutschland noch hinreichend Menschen zu geben, die sich chillig entschleunigen wollen. Sofern es sich um eine Art Wellness-Urlaub handelt, kann man dies kaum kritisieren. Falls aber über die spirituellen Elemente dieser Coaching-Variante Gehirnwäsche betrieben und Werbung für sektenartige Organisationen gemacht werden sollte, wäre das ein ernstes Problem. Daher beobachten die Weltanschauungsexperten der Evangelischen Kirche die Szene.

•••

Üblicherweise thematisieren Coaches mit ihren Klienten auch zentrale Werte-Fragen: Was ist dem Gegenüber wichtig? Woran richtet er sich aus und was erscheint ihm über den Tag hinaus als erstrebenswert? Man kann das als westlich geprägter und pragmatischer Mensch in einer guten Stunde abhandeln. Man kann aber daraus auch ein großes Thema machen, das eine übergeordnete Rolle spielt. Fundamentalistische Christen etwa halten alljährlich in Deutschland Kongresse unter dem Titel »Mit Werten in Führung gehen« ab, zu denen mehrere Tausend Teilnehmer anreisen. Seit einigen Jahren beschäftigt der Diskurs um Ethik und Werte auch so manches Management.[68] Auf diesem Feld ist der 43-jährige Buddhist Kai Romhardt – sein Spezialgebiet ist Achtsamkeit gegenüber Mensch und Umwelt – ein herausragender Akteur. Der Meditationslehrer, Buchautor, Vortragsredner und als Experte für Wissensmanagement geltende promovierte Betriebswirt war vor über einem Jahrzehnt noch als McKinsey-Berater tätig. Aktuell bietet er im Südwesten Berlins neben Managementtraining auch spirituelles Coaching an. Dabei ist er auf Selbständige, Berater, Hochschuldozenten und berufliche wie private »Umsteiger« fokussiert. Seine typischer Klient ist männlich, steht in der Mitte des fünften Lebensjahrzehnts, ist durch seine Bücher auf ihn aufmerksam geworden und möchte nun spezielle Inhalte mit ihm vertiefen.[69]

Der Devise »Client first« zu folgen und dem Kunden oder Coachee die Zielbestimmung der gemeinsamen Arbeit zu überlassen, ist nicht Romhardts Sache. Er möchte seinen eigenen Anspruch und das, was ihn persönlich antreibt, im Coaching-Prozess nicht vernachlässigen, denn das könnte ihn strukturell deformieren. Eingangs gilt es daher, mit dem Klienten die Basis abzustimmen. Als Lernziele sind bei Romhardt Werte und Ethik von zentraler Bedeutung. So gibt er an, »das Potential der buddhistischen Lehre und Übungspraxis« auch im ökonomischen Handeln nutzbar zu machen. Dazu hat er 2004 das Netzwerk Achtsame Wirtschaft ins Leben gerufen. Auf dessen

Veranstaltungen geht es um heilsame und schädliche Haltungen bezüglich Arbeit, Konsum, Geld und etwa Eigentum. Führungskräfte der Wirtschaft sollen mittels einer »Buddhistischen Ökonomie« ausgeglichener und weniger renditeorientiert – mit einem Wort: anständiger – agieren lernen. Die dabei vermittelten Inhalte basieren auf Übungen zur Achtsamkeit, die der Zen-Meister Thich Nhat Hanh entwickelte, sowie auf ähnlichen Glaubenssätzen des von dem vietnamesischen Mönch gegründeten Ordens Intersein. Romhardt zufolge sei jeder im Netzwerk willkommen, der sich in der Kunst der Achtsamkeit üben und nach Inspiration für den eigenen Weg suchen wolle. Wen erreicht dieser Ruf? Mittlerweile umfasst das Netzwerk bereits über 1000 Menschen, Tendenz leicht steigend.

Kai Romhardt dockt dort an, wo uns die Finanz- und Wirtschaftskrise hingespült hat, indem er postuliert: »Klassische Ideen von Führung, Management und Ökonomie sind in die Krise geraten. Wir glauben nicht länger, dass uns eine Wirtschaft, die sich primär auf materielles Wachstum gründet, glücklich machen kann. Die alten Methoden und Begriffe passen nicht mehr. Etwas Wesentliches fehlt. Wir suchen nach Sinn, gleich ob wir als Unternehmer, Führungskräfte, Professionals, Investoren oder Konsumenten handeln. Wir wollen eine heilsamere Ökonomie schaffen, die dem Leben dient und es nicht direkt oder indirekt zerstört.«

Offenkundig arbeitet Romhardt als Lehrer, Autor, Trainer und Berater, um über Themen zu sprechen, die ihm wichtig sind. Seine Coachings nennt er »Mini-Sabbaticals«, die den Klienten im Idealfall mit Gesprächen und beispielsweise Geh-Meditationen am Wannsee zu Klarheit, Besinnung, Wegen zur Stressbewältigung sowie zur »Bewusstwerdung der inneren Stimme und die Öffnung für den inneren Lehrer« führen.[70] Beabsichtigt ist also Selbsterkenntnis und Abstand vom Alltag in idyllischer Umgebung. Da wäre sein Büro, das in der Nähe der inspirierenden Liebermann-Villa und der Gedenk- und Bildungsstätte Haus der Wannseekonferenz liegt, kaum der geeignete Ort, denn dort wimmelt es üblicherweise nur so von Ausflüglern, Touristen und Wassersportlern. Stattdessen werden die Coachings in einer Villa mit weitläufigem Garten in Berlin-Hermsdorf abgehalten. Das den Namen »Quelle des Mitgefühls« tragende Haus ist ein buddhistisches Übungszentrum, womit die weltanschauliche Positionierung des Coaches noch einmal markiert ist.

Wenn für Träume oder das, was man früher Selbstverwirklichung nannte, kein Platz mehr ist, schlägt die Stunde der Spirituellen oder Life Coaches. Kai Romhardts Weg ist dafür ein besonderes Beispiel: Er war eigener Einschätzung nach schon mit Anfang 30 beruflich erfolgreich und »ziemlich schnell unterwegs«, aber innerlich unzufrieden und ständig angespannt.[71] Ein Burnout geriet zum persönlichen Wendepunkt, nach dem Romhardt seinen lukrativen Job als Unternehmensberater kündigte. Er öffnete sich psychologischen und therapeutischen Themen, entdeckte den Zen-Buddhismus für sich und lehrt nunmehr Meditationstechniken, Achtsamkeit und Werte. Coaching ist für den offenkundig vielfältig Talentierten nur eine Tätigkeit von vielen, die ihm zwar weniger Geld als die frühere Arbeit einbringt, doch die Freiheit eröffnet, den Augenblick genießen zu können.

Darin trifft sich der Zen-Buddhist mit der spirituellen Mystikerin und christlichen Geistlichen, die im nächsten

Kapitel thematisiert werden. Sie alle streben danach, das Leben ihrer Zuhörer zu bereichern, ohne die persönliche Ego-Rendite durch Karriere, Geld und Macht zu steigern. Unter dem Strich lässt sich ein buddhistisch orientierter Trainer und Coach wie Romhardt in den Kreis jener einordnen, die mit fundierten wie geschickten Mitteln daran arbeiten, Spiritualität im Mainstream zu verankern. Unseriös ist weder das Bestreben noch die Umsetzung. Wer ethisches Handeln in Führungsetagen fördern möchte, dürfte heute eine ganze Reihe von Fürsprechern – und Konkurrenten – finden, denn natürlich sind nicht nur Buddhisten, sondern auch christliche Geistliche als Impulsgeber aktiv. Ein So-geht-es-nicht-weiter-Buch wie *Das Kapital* des Münchner Kardinals Reinhard Marx oder das christlich ausgerichtete Coaching- und Seminarangebot »BforM – Benedikt for Management« sind dafür beispielhaft. Freilich coachen und referieren solche christlichen Akteure nicht wie Spirituelle und Mystiker, aber sie spielen mit in der breiten Front derer, die sinnstiftend wirken wollen. Die Nachfrage ist da. Entsprechend groß fällt daher auch der Kuchen aus, von dem sie sich ein Stück abschneiden können.

Coaches mit Kutte

Unter den Heerscharen der Coaching-Anbieter im deutschsprachigen Raum gibt es eine überschaubare Anzahl, die zwar nicht himmlischer Abkunft, aber doch außerordentlich religiöser Prägung ist: Einige christliche Mönche und

Priester ragen gut sichtbar aus der Masse heraus, nicht allein wegen ihres Habitus, sondern auch wegen der Resonanz, die sie auslösen. Neben Managementtrainings und Lebenshilfevorträgen bieten sie seit längerem schon Coaching-Dienstleistungen an. Anselm Bilgri und Pater Anselm Grün sind die bekanntesten dieser vor allem in Süddeutschland ansässigen theologischen Multitalente. Sie fallen eben nicht durch ora et labora auf, sondern haben sich als Buchautoren, Motivationstrainer und Coaches ein unverwechselbares Profil erarbeitet.

Anselm Grün, der als Cellerar für die Wirtschaftsbetriebe der Benediktinerabtei Münsterschwarzach verantwortliche Mönch, ist dem *Spiegel* zufolge der wohl erfolgreichste christliche Sachbuchautor. An die 300 Schriften und Bücher zu Themen rund ums materielle und geistige Leben hat er bereits veröffentlicht, die in 32 Sprachen übersetzt worden sind und eine Gesamtauflage von mehr als 16 Millionen Exemplaren haben. Seine Tantiemen gibt Grün an die Abtei weiter, die von seiner Autorentätigkeit mithin nicht unbeträchtlich profitiert. Wie zum Ausgleich fiel der christliche Bestsellerautor jedoch mehrfach durch Verluste bei seinen Investitionen auf. Während der Finanzkrise 2008 büßte Anselm Grün zulasten des bei Würzburg gelegenen Klosters viel Geld mit Unternehmensbeteiligungen ein.[72] Da der Benediktiner seit längerem über Gewinn und ethisches Wirtschaften referierte, konfrontierte ihn die Presse infolge der negativen Publicity mit der Frage, wie er es als Geistlicher mit der Glaubwürdigkeit halte. Wie viel Rendite denn für ihn akzeptabel sei, fragte etwa *Focus*. Bis zu zehn Prozent, räumte der Mönch freimütig ein.

Der 66-jährige Benediktinermönch spricht vor Führungskräften und Landfrauen üblicherweise von Menschen, die sich in ihrem Leben verlaufen hätten, die den richtigen Weg suchten. Ihnen möchte der Geistliche helfen, die richtigen Antworten auf ihre Fragen zu finden, sei es bei seinen Auftritten, in den zahllosen Büchern und im Zwiegespräch des Coaching. Wie jeder andere Coach spürt er den Problemen seines Gegenübers nach, gibt Impulse zum Nachdenken und befördert die Reflexion seines Klienten. Anselm Grün setzt methodisch damit an, dass er empfiehlt, als Erstes die eigene Unvollkommenheit zu akzeptieren, denn damit beginne der Weg zum Glück.[73]

Wer so vor Führungskräften von Daimler spricht und stets gut besuchte Veranstaltungen wie bei der Akademie für Unternehmensführung in Nürnberg abhält, der sollte durchaus von dieser Welt sein. Für Anselm Grün gilt das genauso wie für seine theologischen Mitstreiter Anselm Bilgri und Michael Bordt. Letzterer ist Jesuitenpater, der im Gefolge der Wirtschaftskrise vermehrt von Managern und Unternehmern aufgesucht wird. Sie konsultierten ihn als Verhaltensratgeber und offenbaren beispielsweise, welch enorme Probleme sie damit haben, Entlassungen und Werksschließungen durchzuziehen.[74] Indem sie sich einem Seelsorger anvertrauen, erwarten sie aber auch Sinnstiftung und Zuspruch von ihrem Gegenüber. Das ist ein wesentlicher Unterschied zu den Exerzitien, bei denen sich so mancher in der Abgeschiedenheit eines Klosters im geistlich betreuten Schweigen übt und dabei Erholung für Nerven und Seele oder aber Zeit zur Rückbesinnung auf zentrale Werte findet.[75] Bordt amtiert seit 2005 hauptberuflich als Rektor der vom Jesuitenorden getragenen Hochschule für Philosophie in München. Die Einkünfte aus der Nebentätigkeit des Professors, der unter anderem philosophische Anthropologie lehrt, fließen in eine zum Unterhalt der Hochschule errichtete Stiftung.

Der Benediktinerpater Anselm Bilgri arbeitete eigentlich als Cellerar des Klosters Andechs, bis er 1995 anfing, Kurse und Vorträge für Führungskräfte anzubieten. Seine Umtriebigkeit, die dem Kloster in finanzieller Hinsicht durchaus zugute kam, verschaffte ihm gehörige Aufmerksamkeit. Dem Wirtschaftsmagazin *Capital* zufolge sei er – so ein Artikel im Jahre 2006 – »die perfekte Kombination aus Mönch und Manager« gewesen.[76] Dieser Außenbetrachtung wollten sich seine Ordensbrüder aber nicht anschließen. Vielmehr war ihnen Bilgri zu weltlich. Er überwarf sich mit den Brüdern und stieg in letzter Konsequenz aus. Eine Arbeit als Geistlicher wurde ihm fortan verwehrt, auch durch den damaligen Münchener Kardinal Friedrich Wetter, der nicht zuließ, dass Bilgri als Priester tätig wurde. Von 2004 an war er für vier Jahre Gesellschafter der mit drei Partnern gegründeten Firma »Anselm Bilgri – Zentrum für Unternehmenskultur« in München-Schwabing. Seit 2008 jedoch ist Bilgri auf eigenen Füßen unterwegs. Der Endfünfziger offeriert sehr zeitgemäß Vorträge über Werte, Work-Life-Balance und Herzensbildung wie auch Einzel-Coachings. Dabei verspricht er, die Coachees bei der Entwicklung einer persönlichen Vision, ihrer Fähigkeit sich zu verändern, der Bearbeitung persönlicher Stressmuster sowie der entscheidenden Weichenstellungen und Konfliktlösungen zu unterstützen. Sein Bauchladen enthält ein denkbar breites Angebot – für jeden ist etwas dabei.

Was steht hinter solch umfassenden Leistungsversprechen? Ist der Weg vom Mönch zum Unternehmensberater, Vortragsredner und Buchautor mit dem Spezialgebiet Werte in sich stimmig? Kann Bilgri Führungskräften tatsächlich bei der Orientierung helfen, wenn er mit Bezug auf den im Jahre 547 verstorbenen Ordensgründer Benedikt von Nursia über Demut, Achtsamkeit und eine Kultur des Dienens spricht? Die an der steten Nachfrage an seinen Vorträgen und Dienstleistungen ablesbare Akzeptanz stellt ihm ein gutes Zeugnis aus. Bilgri ist bei vielen Adressen in der Wirtschaft als Seelsorger sowie als Impuls- und Ratgeber akzeptiert. Jene, die ihn als Vortragsredner buchen, schätzen an ihm, dass er eine anspruchsvolle und ansprechende Performance bietet.

Kritisch kann man anmerken, dass die aktiven oder ehemaligen Ordensgeistlichen in Süddeutschland wie Grün, Bordt und Bilgri sowie andere Geistliche wie Pastor Peer-Detlev Schladebusch in Niedersachsen sowohl »Spiritual Consulting« als auch Coaching praktizieren oder sogar miteinander vermischen. Doch den Zuhörergruppen oder Einzelklienten ist dies herzlich egal. Schladebusch sagt, er halte die Uhr der bei ihm mit 200 Euro angesetzten Coaching-Stunde an, wenn das Gespräch ins Seelsorgerische münde, denn als Pfarrer koste er nichts.[77] Offenkundig – und vielleicht leichter als andere Dienstleister – finden diese Berater und Coaches theologischer Prägung mit ihren Klienten zu einer Ebene konstruktiven Vertrauens, so dass der erhoffte Nutzen im Arbeitsprozess tatsächlich erzielt werden kann.

Ist der Erfolg dieser geistlich geprägten Seelsorge-Berater-Coaches nicht verwunderlich in einer Zeit, die immer weniger kirchliche Bindungskräfte aufweist? Die Kirche büßt infolge von Mitgliederschwund an Autorität ein. Zudem, so scheint es, geht ihre Attraktivität allgemein durch nicht mehr zeitgemäße Organisationsformen zurück. Dabei ist der Zölibat der Katholiken nur ein Beispiel. Auch verlor die katholische Kirche infolge der Skandale um den sexuellen Missbrauch von Minderjährigen massiv an Glaubwürdigkeit. Ungeachtet dessen gibt es eine Reihe von Gottesmännern, denen eine hohe Integrität und eine umfassende Kompetenz zugesprochen wird.

Manager aus der Automobil- oder der Versicherungsbranche hören einem Mönch zu, der über nachhaltige Werte und fruchtbringende Wege durchs Arbeitsleben referiert. Sie zahlen ihm sogar hohe Honorare dafür, weil sie sich etwas davon versprechen. Packend auftreten und dadurch motivieren können andere auch, seien es Unternehmensberater, die in Change-Management-Prozesse eingebunden sind, oder Motivationstrainer, die bei ihren Auftritten oft nicht nur den mentalen, sondern auch den körperlichen Kreislauf auf Touren bringen. Einem Theologen aber scheint eine ganz besondere Autorität zu eigen zu sein, da er sein Leben aus freien Stücken einer »höheren Macht« überantwortet hat.

Zuhören und sich Zurücknehmen können Geistliche von sich aus, dafür sorgen Amt und Hierarchie. Mit der Berufung zum Mann Gottes geht aber auch der Anspruch einher, anzuregen und zu lenken. Geistliche, die im Stile eines Bußpredigers Demut, Umkehr und Buße einfordern, wären dabei fehl am Platze. Deren Zeit ist in der westlich-urbanen Welt schon lange abgelaufen. Der feingeistig-intellektuelle, philosophisch geschulte Zuhörer und Analytiker aus dem Jesuitenorden, wie ihn Professor Michael Bordt zu verkörpern scheint, kann überall dort andocken, wo Bedarf nach Lebenshilfe und beruflicher Orientierung entsteht. Das ist ein weiter Markt. Diese geistlichen

Coaches bedienen sich nicht der lehrbuchhaften Techniken wie Systemische Beratung, NLP oder Transaktionsanalyse. Sie bewegen sich kraft ihrer theologischen Autorität auf Augenhöhe mit ihren Klienten, wenn nicht gar eine Nuance darüber – vielleicht ein später Reflex auf die einst allgemeine Achtung, die man den Geistlichen früher entgegenbrachte.

DIE COACHEES

Wie es laufen kann.
Beispiele aus Business und Life Coaching

Im stark verästelten Coaching-Markt gibt es auf der Seite der Anbieter zwei große Lager, die in ihrer Ausrichtung klar voneinander zu unterscheiden sind: Während sich die Business Coaches mit Fragen rund um Beruf und Karriere befassen, widmen sich Life Coaches auch allen erdenklichen anderen Bereichen des Daseins. Die Ersteren gehen ihrer Selbstdarstellung und der landläufigen Einschätzung nach zielgerichteter vor. Die Letzteren schlagen zumeist eher weichere Töne an und berühren beim Klienten andere Sensoren. Jemand, der einen Business Coach konsultiert, strebt nach Optimierung seiner Karriereaussichten, während der Life Coach von jenem aufgesucht wird, der allgemeine Defizite oder eine konkrete Krisensituation besprechen möchte, die er im persönlich-privaten Bereich verortet.

Vordergründig befassen sich demnach die beiden Coaching-Fraktionen mit unterschiedlichen Themenbereichen, aber eine größere gemeinsame Schnittmenge gibt es dennoch. Dr. Gerhard Hehl, ein von Ludwigshafen aus deutschlandweit arbeitender Business Coach, der vorwiegend im Verlagswesen und in der Industrie tätig ist, definiert seine Aufgabenstellungen wie folgt: »Wie geht mein Coachee mit sich selbst um, mit seiner Zeit, seinem

Stress, seiner Gesundheit, seinem Privatleben und all den Belangen, die entweder eine erfüllte und leistungsfähige oder eine weniger zufriedenstellende Lebensgestaltung ausmachen? Was muss und kann er ändern, um rechtzeitig die Weichen für eine bessere Zukunft zu stellen?«[78] In diesem Sinn unterstützt Hehl seine Klienten bei der Entwicklung von Maßnahmen, die auf eine wirkungsvolle Veränderung abzielen. Ein Life Coach tut nichts anderes, allerdings verwendet er meist ein anderes Vokabular als die Kollegen von der Business-Seite, wenn er den Coachees seine helfende Hand reicht.

Dietrich Möllner, Schauspieler am Staatstheater Hannover, wollte sie ergreifen.[79] Der 48-Jährige befand sich in dem, was man gemeinhin als Midlife-Crisis bezeichnet, aber diesen Begriff lehnte er als zu technisch ab. Möllner, äußerlich kein Beau, ist von expressivem, empathischem Wesen und kommt in seinen Rollen beim Publikum gut an, aber in die erste Reihe hat er es nicht geschafft. Dahingehende Ambitionen hat der aus Schwerin stammende Mime vor geraumer Zeit begraben. Das Theater gleicht einem Milieu voller extremer Charaktere, in dem alles in kürzester Zeit möglich ist: Dort gibt es sowohl offene Zuneigung als auch Ablehnung und Ränke unter Kollegen, hehre Anerkennung und ätzende Kritik durch den Dramaturgen, beflügelnde Nähe und kalte Distanz zum Publikum. Keine einfache Welt, aber eine sehr lebendige. Möllner betrachtete sie nicht als Haifischbecken, sondern als sein berufliches Zuhause, seit mehr als einem Jahrzehnt.

Privat nahm sein Familienleben die zentrale Stellung ein. Hier gab es keine Auftritte, außer bei den Elternsprechterminen in der Grundschule. In der Freizeit kümmerten sich die Möllners üblicherweise um Haus und Garten im Hannoveraner Vorort Seelze. Nach dem Tod seines in Güstrow lebenden Vaters hatten bei Möllner erstmals Fragen nach der eigenen Rolle in der Familie eingesetzt. Er war jetzt der älteste männliche Namensträger, so dass ihn auf der Trauerfeier ein Cousin damit konfrontiert hatte, dass er doch nun das Familienoberhaupt sei. Dies hätte er von sich aus nie reklamiert, die Idee lag ihm fern. Dennoch setzte nach dem Todesfall eine ihn irritierende Dynamik ein: Möllner fühlte erstmals, dass er selbst nunmehr über die Mitte des Lebens hinaus war. Seine Frau bemerkte bei ihm das Aufkommen von Stimmungen, die nichts mit Trauer und Melancholie zu tun hatten. Offenkundig arbeitete etwas gewaltig in Möllner, was er im Theater allerdings spielend beiseite zu schieben verstand. Da war er Profi. Zu Hause, am Esstisch oder im Garten, konnte man den Fragenden und Zweifelnden erkennen.

Marga Möllner sprach ihren Mann direkt an und traf den wunden Punkt, ohne zu verletzen. Sie empfahl ihm, in eine Familienaufstellung zu gehen, denn sie hatte als Begleiterin einer Freundin erlebt, wie klärend und erleichternd die systemische Aufstellungsarbeit nach der Methode Hellinger wirken konnte. Diesen Vorschlag lehnte Möllner ab. Es kam ihm – da war er doch eher Macho – wie der übliche Frauen-Selbsterfahrungsquatsch vor. Er wollte nicht in einem Kreis stehen, umgeben von wahrscheinlich sieben oder acht wildfremden Frauen und einem Quotenmann seinen Standpunkt als Mensch und angebliches Oberhaupt einer verstreut lebenden Familie ausloten. An esoterischem Theater, so viel war klar, hatte er kein Interesse.

Der Zufall wollte es, dass Möllner an der Kasse des

Reformhauses ein Flyer in die Hände fiel, auf dem ihn ein Gesicht anstrahlte. Eine am Nordseestrand stehende Frau mittleren Alters bot ihre Dienste als Life Coach an. Ihre Stichworte lauteten »Balance von Körper, Seele und Geist«, »Lebensglück«, »Gegenwart gestalten«, »Mitte finden«, »Klarheit und Fokussierung für Ihr Leben aufbauen«. Kurzerhand – und zu seiner eigenen Überraschung – entschloss sich Möllner, diese Frau zu kontaktieren. Von Coaches wusste er gerade einmal, dass manche Profisportler von einem Mental-Coach betreut wurden, wie etwa der Torhüter René Adler. Dass außerhalb des Sports zahlreiche Coaches ihre Arbeit offerierten und gute Dienste leisteten, war ihm kaum zu Ohren gekommen. Aber der Flyer sprach ihn an. Er rief die Frau an, die nicht an der See, sondern praktischerweise am Steinhuder Meer praktizierte.

Möllner traf beim Kennenlerngespräch auf eine Person mit wachen Augen, festem Händedruck und legerer Kleidung, die ihn in ihrem Büro empfing. Für seinen Geschmack war es mit dem naturhölzernen Mobiliar, den in warmen Pastelltönen gefassten Wänden und den großformatigen Fotos einsamer Strände eine Spur zu altbacken, aber die ruhige Atmosphäre nahm ihn dann doch ein. Chemie und Nase stimmten, wie man so sagt. Sie versuchte ihn durch eine Reihe gezielter Fragen zum Reden zu bringen und dabei zu eruieren, was ihn eigentlich im Kern bewegte, was sein Thema war. Und was er sich von einem Besuch bei ihr versprach. Es fiel Möllner durchaus nicht leicht, seine Hemmungen zu überwinden und in einen offenherzigen Modus zu geraten. Wie auch, sein Gegenüber war ihm ja völlig fremd. Der Gedanke, therapiert zu werden, stieß ihn ab, sein Life Coach klärte ihn jedoch schnell darüber auf, dass der Arbeitsprozess keine Therapie sei, wohl aber behutsam Schritt für Schritt zu den inneren Bereichen seiner Persönlichkeit vordringe. Man könne dabei auf Belastendes stoßen, aber eben – so das Ziel – Klärung und Befreiendes erreichen.

Im Verlauf von vier Monaten absolvierte Möllner das Life Coaching bei der Frau vom Steinhuder Meer. Ihm kam dabei entgegen, dass sie die Gesprächssitzungen morgens abhalten konnten, bevor er ins Theater zu den Proben musste. Während der gemeinsamen Arbeit kristallisierte sich einiges heraus, was im Einzelnen wenig spektakulär erschien, aber in der Summe doch von Bedeutung war: Möllner fehlte eine konkrete Lebensplanung, so etwas wie ein Entwurf und ein Ziel, das ihm Orientierung geboten hätte. Er arbeitete engagiert auf der Bühne, und im Privaten galt er als aufmerksamer Vater und Ehepartner, als verlässlicher Freund und Sportkamerad. All das brachte ihn seiner wirklichen Mitte, dem Gefühl von Sinn, Zweck und Geborgenheit im eigenen Dasein allerdings nicht näher.

Der äußere Impuls, über seine Verfassung und sein Leben fernab des alltäglichen Funktionierens nachzudenken, war vom Tod des Vaters ausgegangen. Die steten, immer tiefer vordringenden Fragen des Coaches hatten ihn dazu gebracht, nicht nur über seine Rolle als neuer Mittelpunkt eines zerfaserten Familienverbands zu reflektieren. Vielmehr wusste er jetzt, dass er neue für ihn wichtige Werte finden und überprüfen musste, um nicht durch ein bloßes Dahinleben in einen Zustand mentaler Ermattung abzugleiten. Der Coach vermittelte ihm, dass er Ziele benötigte, um immer wieder zu Kräften zu kommen, nicht nur zum Wohle seiner selbst, sondern auch zum Nutzen aller, die an ihm hingen. Trotz der behutsamen Vorgehensweise des Coaches und der Wohlfühl-Atmosphäre des Büros ging es mental zur Sache, weil sich Möllner wirklich auf die Situation – den Termin mit sich selbst – mit immer intensiverer Konsequenz einließ.

•••

Charlotte Prinz machte mit Mitte dreißig erstmals mit Coaching persönlich Bekanntschaft. Durch ein Traineeprogramm war sie einige Jahre zuvor in einen international operierenden Großkonzern gekommen, in dem sie in der Marketingabteilung arbeitete. Ihrem Chef und vielen Kollegen erschien sie stets als »High Potential«. Es hieß, diese junge Frau würde unter Garantie Karriere machen, denn sie war intelligent, stets wissbegierig, absolut integer, loyal, ehrgeizig, eloquent und von erfrischendem Humor – und überdies noch attraktiv. Eine tolle Mischung, die allseits gut ankam! Dass Prinz aber jahrelang an ihrem Limit arbeitete und längst auf dem Zahnfleisch ging, wollte sie weder sich selbst eingestehen, noch fiel es innerhalb des Unternehmens auf. In der unausgesetzten Betriebsamkeit ihrer Abteilung schaute einfach niemand genauer hin. Als Prinz spürte, dass sie mental auf der Kippe stand, fasste sie den Entschluss, sich coachen zu lassen. Hierzu wurde ihr seitens der Personalabteilung ein Führungskräfte-Coaching angeboten. Dass es in ihrem Konzern so etwas Personenbezogenes wie Coaching durch einen externen Profi gab, der einzig und allein für sie tätig sein würde, empfand sie wie eine Selbstbestätigung und natürlich auch als Auszeichnung.[80]

Prinz hatte diesen Coach aus verschiedenen ihr präsentierten Kandidatenprofilen ausgewählt. Der etwa 50-jährige Mann hatte sie mit seinem anziehenden, autark wirkenden Wesen und seinem stilvollen, ironisch-intellektuellen Auftreten für sich eingenommen. Er ging mit Prinz durch ihre Abteilung, nahm in diskreter Form Büro und Kollegen in Augenschein, um einordnen zu können, wo seine Klientin bis zu 12 Stunden täglich verbrachte. Eingangs wurden die Ziele besprochen, wobei es vordergründig um Fragen der Karriereplanung ging. Auf der emotionalen Ebene aber war Prinz wichtig, dass sie im Coach einen Experten fand, der ihr zuhören, professionelles Feedback geben und vielleicht sogar ihre Sicht auf die Zukunft im Job teilen würde.

Dass die Sitzungen nicht in der Firma, sondern in der Praxis des Coaches abgehalten wurden, gefiel Prinz besonders. Der spartanisch ausgestattete Raum und der gesamte Aufbau der Gesprächssituation bewirkten, dass ihr das Coaching wie eine »hochprofessionelle, coole Sache« vorkam. Da Coach und Klientin einander sympathisch waren, gelangten beide zügig in den funktionalen Arbeitsmodus von Business-Partnern. Der Coach setzte dabei Techniken wie psychologische Fragebögen, Teamaufstellungen mit Pappkarten und NLP ein. Das Coaching erstreckte sich über drei Monate, in denen insgesamt sechs Sitzungen von zwei bis drei Stunden Dauer stattfanden. Dabei wurden die Stärken und Handlungsmuster von Prinz herausgearbeitet. Allerdings stieß der Coach noch auf etwas ganz anderes. Er stellte klare, sehr persönliche Fragen und ließ seiner Klientin ausreichend Raum für ebenso persönliche Antworten. In der dritten Sitzung übertrat Prinz während eines sehr emotionalen Gesprächs den beruflichen Rahmen. Ihr Gegenüber konstatierte bei dieser Gelegenheit nüchtern, dass es bei ihr zum einen klare Coaching-Themenfelder gab, zum anderen aber auch Dinge, die nur ein Psychologe erörtern sollte. Trotzdem reflektierte Prinz in dieser Sitzung Verhaltensmuster aus der Kindheit, die sich nun in der Arbeitswelt erneut zeigten und die ihre starken Wertvorstellungen, ihre hohen Erwartungen an sich selbst sowie ihre Leistungsorientierung in einem anderen Blickwinkel erscheinen ließen. Kein schöner, aber ein nützlicher Befund für die Klientin, die sich das zuvor nicht eingestanden hätte.

In der zweiten Hälfte des Führungskräfte-Coaching ging Prinz bewusst über die von ihr eingangs gesetzten Grenzen hinaus. Der Coach nutzte die Gelegenheit und provozierte an den passenden Stellen, obgleich er die psychische Verfassung seiner Klientin nicht über Gebühr strapazieren wollte. Es war eine Gratwanderung zum Zweck der Selbsterkenntnis. In dem Vierteljahr des Arbeitsprozesses wurden die Erwartungen von Prinz erfüllt, allerdings vorwiegend auf der Verstandesebene. Emotional sah es anders aus, auch weil sie sich weder vor sich selbst noch ihrem Coach gegenüber in letzter Konsequenz offenbaren wollte. Das Coaching hat Prinz geholfen, denn sie wusste sich und ihre Verhaltensmuster, ihre Potentiale oder Defizite danach besser einzuschätzen.

Trotz dieser professionellen Begleitung und der damit verbundenen Selbstreflexion erlitt Prinz noch im gleichen Jahr einen Zusammenbruch. Es kam zu einem Burnout mit anhaltender Arbeitsunfähigkeit. Das Coaching hatte sie nicht davor bewahrt. Prinz lag und liegt es fern, dies ihrem Coach anzulasten. Heute sieht sie in der für sie zunächst so fatalen Entwicklung etwas Zwangsläufiges, denn obwohl sie nach eigener Einschätzung durch das Coaching »sicherer in die Krise reingegangen« ist, habe es für sie keine Möglichkeit des Entrinnens gegeben. Hat das Coaching überhaupt geholfen? Nicht hinsichtlich des Burnout, aber bezüglich der Erkenntnis, dass im Beruf etwas Grundlegendes geändert werden musste. Auch wenn Prinz für längere Zeit krankgeschrieben wurde, sich zurückzog und sich mit Hilfe eines Therapeuten sowie durch strikte Entschleunigung neu aufstellen musste, weiß sie das Coaching »als eine Weichenstellung in die richtige Richtung« zu schätzen. Sie empfindet das ihr zuteilgewordene Angebot nach wie vor als zeitgemäß, nach vorne gewandt und nützlich.

• • •

In der Kommunikationsabteilung eines mehr als 2000 Leute zählenden Logistikunternehmens stimmte das Arbeitsklima seit längerem nicht mehr. Mit seinem Führungsstil drang der Pressesprecher, Anfang 30, bei den zum Teil älteren Mitarbeitern überhaupt nicht durch. Es gab verschiedene Baustellen. Dabei sollte als Erstes der schwelende Konflikt mit dem Leiter der internen Kommunikation durch eine Mediation bereinigt werden. Nachdem diese Maßnahme nicht ausreichte, wurden sämtliche Mitglieder des Teams aufgefordert, eine anonyme Beurteilung der Situation abzugeben. Da die Befragung zu dem Ergebnis führte, dass sämtliche Mitarbeiter in ihrem Vorgesetzten das Problem sahen, beschloss die Personalleitung, externe Hilfe heranzuziehen. Dem Pressesprecher wurde die Auswahl überlassen. Er wählte einen auf Team-Training spezialisierten Dienstleister, der im Ruf stand, einen ausgeprägt harten Stil einzusetzen. Dieser Trainer kümmerte sich nicht allein um die Mitarbeiter. Darüber hinaus führte er ein Einzel-Coaching mit dem Vorgesetzten durch.

Von Beginn an erlebte das Team den Arbeitsprozess als Konfrontation, denn der schneidige Trainer trat mit dem Zuruf in die Runde: »Ich scanne Sie alle. Vor mir kann sich niemand verstecken!«[81] Es hörte sich wie eine Drohung an, und genau dies gehörte offenbar zur favorisierten Technik des ehemaligen Lehrers und studierten Soziologen.

Trotzdem glaubten die Mitarbeiter eine Zeit lang, die missliche Verfassung ihrer Abteilung verbessern zu können, doch diese Hoffnung wurde bitter enttäuscht. Von den Beteiligten wurde die gemeinsame Arbeit mit dem coachenden Trainer so empfunden, als wolle er den Gruppenzusammenhalt zu Lasten Einzelner schwächen, um sie dann massiv unter psychischen Druck zu setzen. Beispielsweise wurde jemand gezielt verunsichert, der nur einen befristeten Arbeitsvertrag hatte. Das Mitarbeitertraining gipfelte in einem Motivationswochenende, bei dem das Team mitsamt dem Chef Kajak fahren sollte. Beabsichtigt war, der umstrittenen Führungskraft zu mehr Akzeptanz zu verhelfen, doch das sportliche Event geriet zum Desaster. Einige Mitarbeiter kenterten und kamen aus ihren einsitzigen Kajaks wegen der stramm sitzenden Spritzdecke nicht heraus. Für eine gefühlte Ewigkeit hingen sie mit dem Kopf nach unten im spätherbstlich kalten Wasser und wurden panisch. War es etwa Absicht, die Leute an ihre Grenzen zu führen? Sollten sie hier in einer isolierten Situation auf ungewohntem Terrain aus der Reserve gelockt werden? Einige der Beteiligten empfanden das Wochenende, zu dem auch der Einsatz von Team-Aufstellungen gehörte, als fürchterlichen Stress. Unklar war den meisten, ob die Personalleitung die harte Tour angeordnet hatte, um die Mitarbeiter wieder auf Spur zu bringen – oder aber um sie zu brechen.

Da in dem Logistikunternehmen seit Jahren schon viele hundert Stellen durch Outsourcing und Aufhebungsverträge abgebaut worden waren, konnte der Eindruck entstehen, dass hier der coachende Trainer im Auftrag der Geschäftsführung eine besondere Form des Mobbing einsetzte. Mit welchem Ziel? Man munkelte, dass der eine oder andere Mitarbeiter demoralisiert und dazu bewegt werden sollte, von sich aus an eine Kündigung zu denken. Damit wäre der Coach nur ein Büttel der Personalabteilung, die – so die Vermutung – dazu angehalten war, Stellen zu reduzieren.

In dem konkreten Fall gab es eine andere Wendung, denn letztlich erkannte man in der Chefetage, dass nicht die Mitarbeiter der Kommunikationsabteilung das Problem darstellten, sondern der Chef, dem schlichtweg die Kompetenz zur Führung fehlte. Nach dessen Abgang schaffte sein Nachfolger den Turnaround zu einem besseren Arbeitsklima.

Kunden und Klienten im Optimierungsdruck

Die Mehrzahl derer, die sich von Managementberater Clemens Schultheis coachen lassen, sind Männer im Alter von 30 bis 40 Jahren, Führungskräfte, die in Sandwichpositionen arbeiten und vor dem nächsten Karriereschritt stehen.[82] Sie wollen Orientierung, um sich besser zu positionieren oder auch um ganz konkret in Gehaltsverhandlungen ihr Optimum herauszuholen. Da Schultheis ein Spezialist für Vergütungsfragen und Zielvereinbarungen ist, der im Regelfall Unternehmen bei der Implementierung von neuen Systemen zur Leistungsvergütung berät, besitzt er hier eine besondere Kompetenz. Er sieht die Gründe für die wachsende Coaching-Nachfrage in beruflichen Dingen vornehmlich darin, dass die Bindungskräfte im Job heute weitaus geringer sind als früher.

So werden wegen Führungskräftemangel in bestimmten Branchen die guten Köpfe ständig von Headhuntern auf ihre etwaige Wechselwilligkeit angesprochen und gezielt abgeworben. Darüber hinaus sind die meisten Führungskräfte heute gut vernetzt. Soziale Netzwerke wie Xing oder Internetportale wie Jobscout führen dazu, dass andauernd Informationen über vakante Stellen publik werden. Zudem wächst die Bereitschaft bei den Mitarbeitern, sich weitaus selbstbewusster mit dem Arbeitgeber auseinanderzusetzen. Längst ist daher die Beziehung zu den Kollegen, mit denen man sich früher über den Arbeitgeber, Belastungen im Job oder neue Herausforderungen austauschen konnte, lockerer geworden. Der Einzelne kann aufgrund seiner häufigeren Job- und Ortswechsel zunehmend weniger wirklich starke sozialen Bindungen zu Menschen aufrechterhalten, die – wie in früheren Zeiten – mit Zuneigung, Ablenkung, Rat oder ernster Kritik Anteil an seinem Leben nahmen. Wer mehrfach von einer Stadt in die andere wechselt und in Jobs arbeitet, deren Aufgabenfelder er weder seinen Eltern noch den ihm nahestehenden Menschen erklären kann, dem kann ein Coach mitunter nützlich sein.

Der Journalistin Franziska Brüning zufolge sei nicht zu leugnen, dass sich viele wegen der »Zunahme an Geschwindigkeit und Anforderungen« ganz einfach überlastet fühlten. Es bestehe ein Teufelskreis aus beruflich geforderter Flexibilität, Arbeitsdruck, Stellenbefristungen, Wochenendbeziehungen und erodierenden Familienstrukturen.[83] Erfolgsorientierte Unternehmen entwickelten eine Handlungs- und Veränderungsdynamik, die der begrenzten Anpassungsgeschwindigkeit des Menschen zuwiderläuft. Und gerade von den Leistungsträgern wird erwartet, mit dieser Dynamik produktiv umgehen zu können.[84] All das kann zu stressbedingten und psychosomatischen Erkrankungen bis hin zu Depressionen oder Burnout führen. Immer mehr Menschen, die lange Zeit unter der Last überbordender Verpflichtungen ächzen und damit zu den »Performern« – sprich Leistungsträgern – gehören, können irgendwann nicht mehr abschalten, um sich zu erholen. Wie vermeidet man chronische Erschöpfung, die psychisch-physische Auszehrung zur Folge hat? Wie verhindert man den Burnout, der eben kein Statussymbol ist, sondern ein gefährliches Desaster?

Ein Coaching kann durch analytische Fragen dazu beitragen, den Nutzen und die Notwendigkeit der Entschleunigung sowie konkrete Handlungsalternativen sichtbar zu machen. Worum geht es schließlich? Welche Opfer werden heutzutage gebracht, um auf dem Quivive zu sein, um zu beeindrucken und um weiter nach vorne zu kommen? Wer in jeder Hinsicht immer online und im Arbeitsmodus ist und dabei auf die eigene Gesundheit keine Rücksicht nimmt, wird zum Opfer äußerer Zwänge – oder eben, weil er es zulässt, zum Opfer seiner selbst. Falsch verstandene Fortschrittsgläubigkeit, schlechtes Zeitmanagement und grenzenlose Loyalität zu Vorgesetzten, die Arbeiten virtuos delegieren, sowie die eigene Unfähigkeit, hörbar »Nein« zu sagen, sind nur einige Gründe dafür. Wer vorgibt, über längere Zeit ein bis zu 15-stündiges Tagesarbeitspensum zu benötigen, um seiner Verpflichtungen Herr zu werden, ist nicht Herr, sondern Knecht. Dies zeugt nicht von anerkennenswerter Leistungsbereitschaft und hoher Kompetenz, sondern im Gegenteil von geradezu verzweifelt anmutendem Aktivismus und von bedrohlicher Raubbaumentalität. Es ist zu simpel, die Schuld dafür ausschließlich in den höheren Hierarchiestufen zu suchen.

Das Modewort der Work-Life-Balance gehört in diesen spannungsvollen Rahmen. Wem es gelingt, sich Entspannung zu verschaffen und Grenzen zu ziehen, der gehört vermutlich auf die Seite der Vernünftigen, der Gesunden. Um dorthin zu gelangen, wird vermehrt professionelle Hilfe in Anspruch genommen. Erschreckend genug ist, dass viele Betroffene nicht alleine imstande sind, die persönlichen Belastungsmuster zu erkennen und umzusteuern. Da kann ein Systemisches Coaching zweifelsohne helfen, indem es die Stressfaktoren und ungesunden Verhaltensweisen aufdeckt. Wer nicht selbst erkennt, wo der Hase im Pfeffer liegt, findet im Coach oftmals einen echten Helfer.

Die Elterngeneration gab dem Nachwuchs Parolen wie »Lehrjahre sind keine Herrenjahre« oder »man darf nicht gleich den Bettel hinwerfen« mit auf den Weg – Durchhalteparolen, die heute wenig nutzen. Die Fluktuation obsiegt, denn »nie war der Einzelne so frei wie heute«, schreibt Klaus Werle in seinem Buch *Die Perfektionierer*. Jeder müsse in der Zeit des Wettbewerbsindividualismus ständig wählen und entscheiden, wobei man zwangsläufig Gefahr laufe zu scheitern. Der »perfektionistische Imperativ« treibe dazu an, die eigenen Chancen auf dem Markt pausenlos zu optimieren, letztlich auch um den

Karriereturbo zu zünden. Das sei mittlerweile soziale Norm. Und wer zu den Aktiven gehört, sollte nicht zögern oder lamentieren, sondern sich eben professionelle Unterstützung suchen – beim Coach.[85] Man kann die gegenwärtige Situation auch negativer empfinden, so wie Miriam Meckel, die mit einer Veröffentlichung über ihren eigenen Burnout in Erscheinung trat. Darin stellt die Medienwissenschaftlerin eine massive Entfremdung von Person und Handlung fest. Es gebe zwar eine Multioptionsgesellschaft, aber wegen der hohen Leistungsanforderungen und Zwänge unterliege der Einzelne nur mehr einer Illusion von Freiheit.[86]

Dass die neuen Unternehmenskulturen dieser Entwicklung Vorschub leisten, liegt auf der Hand. Die Zyklen der Betriebszugehörigkeit werden kürzer, und überdies ist in zahlreichen Großunternehmen der Druck immens gewachsen. Es ist nicht nur so, dass Führungsverantwortung an immer jüngere Nachwuchskräfte übertragen wird – wobei diese zum Teil nicht wissen, wie sie führen sollen, wie sie kommunizieren oder sich in Konflikten verhalten. Quartalszahlengetriebene Manager wenden alle möglichen Spielarten von Macht und Reglementierungen an, die dazu führen können, dass Führungskräfte über längere Zeit drangsaliert und letztlich »psychisch missbraucht« werden, wie es Clemens Schultheis bei seiner Tätigkeit mit den Klienten des Öfteren erlebt hat.

Die von hehren Werten geprägte Corporate Culture erweist sich allzu oft als Lippenbekenntnis. Und wenn de facto die wirkliche Bereitschaft, Fehler zu akzeptieren, nicht gegeben ist, reduzieren aufgrund der daraus erwachsenden Furcht vor Sanktionierungen zahlreiche gut bezahlte Kräfte ihre Entscheidungsfreude. Warum? Sie wollen sich schlicht und einfach nicht exponieren und Gefahr laufen, abgestraft zu werden. Fatal daran ist, dass natürlich auch Untätigkeit – die Nicht-Entscheidung – teils gravierende Konsequenzen hervorruft. Erzwungener Gehorsam oder dauerhafte Handlungslähmung kann zu immensem Druck oder aber zu Frustrationen führen, wodurch die Identifikation mit dem Arbeitgeber sinkt. Business Coaches wissen, dass in Führungsetagen und den darunterliegenden Ebenen Angst ein bestimmendes Moment sein kann und dass die echte Wertschätzung des Einzelnen in vielen Unternehmen selten ist. Da kann es nicht überraschen, wenn die länger währende Firmentreue für eine wachsende Zahl von Mitarbeitern keinen Reiz mehr besitzt. Sie wird geradezu als Ausdruck von Anspruchslosigkeit und Bequemlichkeit gedeutet. »Die Guten gehen zuerst«, heißt der dazu oft vernehmbare lakonische Kommentar.

Vor diesem Hintergrund wird Coaching als ein Tool unter vielen gesehen, um die Arbeitsatmosphäre zu verbessern – und die Performance der Mitarbeiter zu steigern. Hans Rudolf Jost ließ 278 höherrangige Führungskräfte befragen, welche Faktoren die Unternehmenskultur positiv beeinflussen könnten. Die höchste Relevanz (72 Prozent) ordneten die Befragten der Vorbildwirkung von Vorgesetzten zu. Darauf folgten Freiraum und Eigenverantwortung (44 Prozent), interne Kommunikation (43 Prozent) sowie regelmäßige Führungsgespräche und Coaching (33 Prozent). Dass die Arbeit an sich »spannend« sein müsse, um die Unternehmenskultur auf ein gutes Level zu befördern, fiel dagegen kaum ins Gewicht. Somit schreiben sich die Führungskräfte selbst die höchste Bedeutung bei der Beeinflussung der Unternehmenskultur zu. Wie sollte es auch anders sein ... Dass sie allerdings Coaching auf der vierten Position von 15 möglichen verorten, erscheint überraschend, wenn man Revue passieren lässt, was für weniger wichtig gehalten wurde: die Güte der Kundenorientierung, Wettbewerbsdruck, Weiterbildungsprogramme, Einkommen, Boni, transparente Karrierewege.[87] Coaching gilt vielen Entscheidern somit als besonders wichtiges Element zur Förderung der Unternehmenskultur und zur Bindung der als wertvoll erkannten Mitarbeiter ans Unternehmen.

Noch eine andere Tatsache spielt in diesem Zusammenhang eine Rolle: Dem *Manager Magazin* zufolge waren im Jahre 2009 von 441 Vorstandsmitgliedern in den 100 umsatzstärksten Unternehmen Deutschlands nur vier Frauen.[88] Allein diese klägliche Zahl ist schon ein Fortschritt, gelingt es Frauen doch erst seit wenigen Jahren überhaupt in Führungspositionen der Wirtschaft Fuß zu fassen. Die Top-Ebene ist jedoch nach wie vor eine Männerbastion. Das liegt nicht an der Qualifikation der Aspirantinnen, sondern an der gängigen Praxis von Beförderungsabläufen und althergebrachten Usancen in den oberen Etagen. Frauen, die über das mittlere Management hinauswachsen wollen, bekommen oft Gegenwind, obwohl sie hinter ihren Mitbewerbern aus dem anderen Geschlecht nicht zurückstehen müssen. Das lässt Bedarf an Coaching entstehen, denn gerade die hoch qualifizierte Managerin in der »Teppichetage« gerät mit dem dort etablierten Männerzirkel leicht in Konflikt oder stößt auf Ablehnung. Je höher man kommt, desto dünner wird die Luft für Frauen in deutschen Dax-Konzernen oder Großunternehmen. Es geht den weiblichen High Potentials häufig darum, im Coaching die eigenen Möglichkeiten, den Anspruch und das Rollenverständnis mit einem neutralen Gesprächspartner direkt und diskret zu überprüfen. Die wachsenden Chancen weiblicher Führungskräfte oder eben ihre Benachteiligung auf der Karriereleiter verstärken somit die Konjunktur von Coaching.

Sabine Asgodom ist vor allem bei Frauen beliebt. Nur jeder fünfte ihrer Coachees ist ein Mann. Die Münchnerin sagt über ihre Klienten, es ließen sich vor allem jene coachen, die zur Selbstreflexion fähig seien. Das mag richtig sein, allerdings sind es auch nur diejenigen, die es sich leisten können. Asgodom verlangt mittlerweile bis zu 600 Euro für eine Beratungsstunde. Zwischen zwei und acht Stunden kann eine Session bei ihr dauern. Wer die volle Tagesdosis anstrebt, sollte also gleich mehrere Tausend Euro mitbringen. Wer will und kann das bezahlen? Im Jahr sind es nur einige Dutzend Coachees, meist Selbständige, Geschäftsführer oder Vorstände, die den Weg in das Münchener Büro finden, aber mitunter kommen sie von weither, aus Cottbus oder Buxtehude, weniger aus der bayerischen Landeshauptstadt selbst. Offenbar wollen sich die Klienten ganz bewusst auf eine Reise begeben, um etwas zu erreichen. Der Tapetenwechsel, die längere Anfahrt in den Süden der Republik gehören damit zum Programm. Konsequenterweise arbeitet Asgodom ausschließlich in ihrem Office. Nur dort empfängt sie ihre Coachees, reist ihnen also nicht entgegen, wie es viele Kollegen tun.

Ursprünglich bestand bei Unternehmen und Organisationen eine Zurückhaltung, wenn es darum ging, sich öffentlich zum Coaching zu bekennen. Gerade traditionell ausgerichtete Firmen wie Banken, Versicherungen oder mittelständische Familienunternehmen vermieden lange Zeit das Eingeständnis, so etwas nötig zu haben. Wenn, dann wurde bei Großunternehmen schon einmal von »Sparringspartnern« in der Personalentwicklung gesprochen.[89] Das hat sich radikal gewandelt. Heute ist es ein charakteristisches Gütezeichen aufgeschlossen agierender Organisationen und Firmen, wenn sie Coaching finanzieren und auf verschiedenen Hierarchieebenen im eigenen Haus einsetzen. Allerdings gibt es wegen des modisch klingenden Namens mittlerweile einen inflationären Gebrauch des Terminus »Coaching« im Firmenkontext. Trainings, Teamschulungen und Fortbildungen im Rahmen der innerbetrieblichen Weiterbildung werden als Coaching belabelt, obwohl es sich hierbei doch eigentlich um klassische Veranstaltungen handelt, die seit mehreren Jahrzehnten stattfinden.

Viele Chefs schätzen Coaching, aus ganz verschiedenen Gründen. Einer davon: Sie delegieren im gewissen Sinne Verantwortung bei der Beurteilung eines komplizierten Mitarbeiters oder Low-Performers an externe Berater. Das ist die Kehrseite des Geschäfts, denn die Betroffenen, die seitens ihres Arbeitgebers den Auftrag bekommen, sich auf Kosten des Unternehmens coachen zu lassen, wissen, dass Coaching genauso gut der Einstieg zum Ausstieg sein kann. Das ist keineswegs nur ein firmeninternes Bonmot, sondern eine reelle Erfahrung: Wer dieses kostspielige Extra verordnet bekommt, darf daraus schließen, dass die Firma mit seinem Führungsverhalten oder seiner Effizienz unzufrieden ist. Wenn die Hoffnung auf eine Besserung enttäuscht wird, stehen ernste Konsequenzen an. Der als Managementberater und Executive Coach tätige Schultheis erlebte mehrfach, wie Firmen das Coaching als ultimativen Appell einsetzen, damit der Mitarbeiter den

Veränderungsbedarf bei sich erkennt. Da die gewünschten Modifikationen auch nach längeren Coaching-Interventionen nicht entstanden, lag am Ende ein Aufhebungsvertrag auf dem Tisch. Vonseiten der Personaler oder der Vorgesetzten hört man dann: Man habe dem Mitarbeiter eine Brücke bauen wollen, die dieser jedoch leider nicht zur allgemeinen Zufriedenheit genutzt habe. Man gehe jedoch davon aus, dass das Coaching bestimmt hilfreich für die Selbsterkenntnis gewesen sei. Ein Zückerchen also, mit dem man dem Nichtwandelbaren den Abschied versüßt.

So weit kommt es freilich nur in seltenen Fällen. Aber auch auf halbem Wege kann das Coaching bei der Disziplinierung von Nutzen sein: Stellt der Coach in der Face-to-Face-Situation fest, dass der Klient nicht mitspielt, hat der Vorgesetzte eine weitere Handhabe, gegen den Störrischen vorzugehen. Stefan Kühl, der als Professor an der Universität Bielefeld lehrt und im Hamburger Beratungsunternehmen Metaplan arbeitet, bezeichnet dies als »Tendenz zur Verantwortungsdiffusion«.[90] Der Unternehmensberater und Führungskräftecoach Roland Jäger kann das zu seinem Ärger bestätigen. Seiner Auffassung nach hat eine ihn erschreckende Anzahl von Vorgesetzten »keinen Arsch in der Hose«. Sie scheuen sich vor klaren Worten gegenüber problematischen Mitarbeitern und erklären noch nicht einmal vor einem angeordneten Coaching, dass es sich dabei um die letzte Chance handele. Diese Botschaft dem externen Dienstleister zu überlassen, empfindet Jäger als ungebührlich. Daher fordert er in solchen Situationen den Chef unmissverständlich dazu auf, seinen Mitarbeiter im Sechs-Augen-Gespräch zu informieren, aus welchem Grund der Coach beauftragt wurde und dass es ernst ist.

Üblicherweise wird von den Dienstleistern betont, sie befänden sich auf Augenhöhe mit ihren Klienten, so dass sie Zugang und Akzeptanz finden. Mitunter fehlt allerdings diese wichtige Balance. Hierbei sind nicht allein die selbstverliebten Coaches gemeint, die in der Überzeugung arbeiten, ihren Klienten neu formatieren und auf die richtige Umlaufbahn bringen zu können. Auch unter den Klienten finden sich bemerkenswerte Selbstdarsteller, die einen guten Teil ihrer Verhaltensmuster von Charakteren wie Jürgen Schrempp, Thomas Middelhoff oder Ulrich Schumacher abgeschaut zu haben scheinen. Coaches erleben vor allem bei Führungskräften ein gerütteltes Maß an Narzissmus, der gehätschelt sein will. Das kann bereits bei der Auswahl des Dienstleisters beginnen, denn wer will schon mit einem mutmaßlich durchschnittlichen Coach zusammenarbeiten? Wer sich in den obersten Etagen von Organisationen und Unternehmen bewegt, sucht verständlicherweise einen Premium-Coach – dessen Tagessatz und Habitus, Ruf und Aura den allerhöchsten Ansprüchen genügen müssen.

Im Idealfall strahlt ein Coach dieser Klasse auf seinen Klienten ab, auch wenn über seine Hinzuziehung nur in Insiderkreisen das eine oder andere Wort fallen gelassen wird. Der Name reicht, um den Gecoachten aufzuwerten. Die Dynamik, die in der Zusammenarbeit mit ihrer anspruchsvollen Klientel entsteht, ist für die Premium-Coaches nicht unproblematisch: Geben sie sich exaltiert und spleenig, können sie damit rechnen, häufiger von zahlungskräftigen Klienten konsultiert zu werden. Um deren Erwartungen zu erfüllen, ist jedoch ein beträchtlicher Aufwand vonnöten, nicht etwa nur bei der Wahl von Kleidung und Hotel, sondern auch in mentaler

Hinsicht. Wer einen narzisstischen Top-Manager oder Unternehmer coacht, vollführt in der Regel eine Gratwanderung zwischen lösungsorientierter Anwendung professioneller Techniken und milieuspezifischer Anbiederung. Das birgt Gefahren, denn wer über Gebühr zum Honigpinsel greift, setzt seine Autorität aufs Spiel. Wenn er diese jedoch verliert, ist er nicht mehr Führungskräfte-Coach, sondern lediglich ein gut bezahlter Höfling. Hybris, auf welcher Seite auch immer sie zutage treten sollte, führt in jedem Fall zu Schlaglöchern, die den Coaching-Arbeitsprozess und seine Aussicht auf Erfolg gehörig behindern.

Nutzen und Erfolg

Nicht jeder, der einen Coach aufsucht oder von seiner Personalabteilung ein Coaching nahegelegt bekommt, will partout einen Königsweg entdecken. Er hat in der Regel konkrete Probleme, die ihn drücken. Zuweilen fallen im Arbeitsprozess Hüllen, derer sich der Klient ursprünglich gar nicht entledigen wollte – und nicht selten ist genau dies die Voraussetzung für einen intensiven Dialog. Der Coach wird als Lotse konsultiert, doch er kann weitaus mehr sein. Auch er kennt den Weg nicht, den sein Klient nehmen wird. Er begleitet ihn und kann ihn – wenn es zugelassen oder gar erkennbar eingefordert wird – dabei unterstützen, eine neue Software zu installieren, um von der persönlichen Festplatte mehr abzurufen.[91]

Stephan Ludwig zufolge hegen die Klienten ein universelles Bedürfnis nach mehr Lebensqualität und sinnstiftender Arbeit. Wer sich losgelöst von den Pflichten und Verrichtungen des Alltags auf eine echte Sinnsuche einlässt und dabei die Unterstützung eines Coaches in Anspruch nimmt, vermag weit zu kommen. So weit, dass im Dialog »mehrere innere Schweinehunde auf den Tisch gelegt« werden, wie es Volker von Courbière bezeichnet, und gravierende Veränderungen möglich sind. Einem Coach bereitet es natürlich große Freude zu sehen, wie sich sein Klient für das Neue öffnet. Manchmal allerdings kann auch der gegenteilige Effekt eintreten, und Erkenntnis führt zur Verunsicherung. Wenn ein Coaching infolgedessen zur traumatisierenden Erfahrung für den Coachee wird, muss entschieden umgesteuert werden oder gar der Abbruch der gemeinsamen Arbeit erfolgen.

Coaching kann etwas in Gang setzen, was bei der Auftragserteilung nicht angestrebt war. Dies mag sich unbequem und vielleicht sogar gefährlich anhören, es liegen aber auch wirkliche Chancen darin. In einem Unternehmen der Sportbranche hatten die gleichberechtigt beteiligten Geschäftsführer einige Jahre nach der Firmengründung mit permanenten Rollen- und Führungskonflikten zu kämpfen. Als sie diese nicht abstellen konnten, entschieden sich die Partner zu einem Gruppen-Coaching. Sie benötigten Hilfe, um aus der misslichen Lage herauszufinden. Der dann über längere Zeit ablaufende Arbeitsprozess mit dem Coach bewirkte, dass einer der Geschäftsführer eine spürbar verbesserte Kommunikationsfähigkeit entwickelte. Er wuchs in seinen Verantwortungsbereich hinein. Einige andere dagegen fassten den Entschluss, die Firma zu verlassen.

Ursächlich besaß das Coaching daran keinen direkten

Anteil, doch der Effekt der professionellen Begleitung war, dass Druck aus dem Kessel genommen wurde. Eine derjenigen, die diese Situation als Beteiligte erlebt hat, ist überzeugt, dass niemand von den Geschäftsführern von sich aus einen Therapeuten aufgesucht hätte. Zum Coach konnten sie aber gehen, da die Hemmschwelle deutlich niedriger lag. Die Coaching-Gespräche führten allerdings über Sachthemen zu Bereichen, die durchaus therapeutischen Charakter besaßen.[92] Wem hat das genützt? Vermutlich allen Beteiligten, denn in der von ihnen gegründeten Geschäftskonstellation hätten sie sich auf Dauer zerschlissen. Somit fungierte dieses Coaching als entscheidender Impulsgeber für die Organisationsentwicklung und als klärendes Instrument für das Management. Die Firma konnte sich dank ihrer bereinigten Führungskonstellation besser entwickeln. Möglicherweise wäre sie ohne diesen Prozess zerfallen.

»Der Trainer bringt einem bei, wie das Spiel technisch abläuft. Der Coach aber zeigt einem, wie man das Spiel gewinnt.« Mittels dieser knappen Beschreibung möchte der im Business Coaching arbeitende Ernst Neumann erklären, über welches Potential sein Berufsstand verfügt. Obwohl Coaches in der Regel nur die Job-Performance und Karriereentwicklung Einzelner verbessern, beeinflussen sie mittelbar die gesamte Organisation – zumindest in den Bereichen, in denen ihr Coachee tätig ist. Der Erfolg hängt ganz wesentlich von der Motivation ihres Klienten ab. Sollte jemand das Coaching-Angebot der Personalabteilung lediglich aus Statusgründen wahrnehmen, weil er es nach der Beförderung auf eine bestimmte Führungsebene beanspruchen darf, dann ist die Arbeit aller Wahrscheinlichkeit nach wertlos. Uninspirierte Klienten zu coachen ist für jeden Coach eine Pein, auch wenn er damit Geld verdienen mag.

Kai Romhardt formuliert es so: Beim Klienten müsse es ein inneres »Ja!« geben, und das hänge in vielen Fällen auch mit dem Preis zusammen. Wer nichts oder wenig bezahlt, verhalte sich oftmals dem Coaching gegenüber wie ein gelangweilter Konsument ohne eigenes Engagement. Ein Grund für das Scheitern kann aber auch darin liegen, dass Coach und Klient einfach nicht zusammenpassen. Das hat nicht nur etwas mit mangelnder Sympathie zu tun, sondern mit der Erkenntnis, dass das eingangs formulierte Wunschthema nicht das wirkliche Problem darstellt. Asma Semler beispielsweise erkannte nach den ersten Sitzungen mit einem Klienten, dass dieser beim Paartherapeuten weitaus besser aufgehoben war als bei ihr. Daher war sein Gang ins Coaching bestenfalls ein Umweg. Wenn der Coach in Systemischer Analyse wie beim Häuten einer Zwiebel Schicht um Schicht bloßlegt, wird er zwangsläufig feststellen, ob der Klient bei ihm an der richtigen Adresse ist. Ad hoc erkennbar ist das allerdings keineswegs. Dafür braucht es seine Zeit.[93]

Wo Kosten auflaufen, entsteht zwangsläufig die Frage nach der Wirkungs- und Effizienzkontrolle. Wie aber lässt sich der Nachweis führen, dass so etwas Individuelles wie Coaching positive Effekte hat, möglicherweise sogar solche, die sich messen lassen und die Berechnung des Return on Investment ermöglichen? Was bringt es beispielsweise, 5000 Euro in die Hand zu nehmen, um eine Nachwuchsführungskraft zu coachen, oder was darf die Unternehmensleitung erwarten, wenn sie ein Vielfaches dieses Betrags für einen Manager aufwendet, der bislang nicht so »performt«, wie es gewünscht wird? Zumindest dürfte es weitaus kostengünstiger sein, als den bisherigen Mitarbeiter mitsamt einer Abfindung herauszukomplimentieren und einen Headhunter für die Suche nach Ersatz zu bezahlen, ohne zu wissen, ob der nächste die Erwartungen tatsächlich erfüllen kann. Und vielleicht sogar effizienter, denn bekanntlich steigern sich durch einen allzu schnellen personellen Wechsel die Unruhe und damit die Ineffizienz des betreffenden Bereichs, von der möglicherweise negativen Außenwirkung einmal ganz abgesehen.

Geradezu zwangsläufig divergieren die Einschätzungen von Coaches, Klienten und Auftraggebern zur Wirkung von Coaching. Wissenschaftler wie Michael Stephan, Peter-Paul Gross und Norbert Hildebrandt kommen in ihrer Untersuchung zu dem Schluss, »eine konkrete Kosten-Nutzen-Analyse« sei »in der Praxis der Personalentwicklung in den Unternehmen meist nur Wunschdenken«.[94] Dies lässt sich verallgemeinern, denn in der Coaching-Branche gibt es aufgrund ihrer Inhomogenität und des damit verbundenen Fehlens professioneller Standards ständig variierende Bewertungsmaßstäbe. Den Marburger Forschern zufolge liege überdies bislang noch kein verlässliches, wissenschaftlich fundiertes Wissen über Erfolgsfaktoren im Coaching vor. Bis etwaige wissenschaftliche Resultate in der beruflichen Praxis ankommen, dürften daher noch Jahre vergehen.

Aufgrund ihrer praktischen Erfahrungen weiß Dorothée Putzier, dass Erfolg und Misserfolg von Coaching oft eine Sache der subjektiven Wahrnehmung ist. Auch wenn im Anschluss an das Coaching positive Veränderungen zu beobachten sind, ist es schwierig einen eindeutigen kausalen Zusammenhang nachzuweisen. Warum agiert jemand auf einmal erfolgreicher an seinem Arbeitsplatz? Warum tritt er im persönlichen Umfeld verändert auf? Natürlich ist möglich, dass das jüngst absolvierte Coaching den Impuls dafür gegeben hat. Es könnten aber auch zahllose andere Faktoren mitverantwortlich sein. Zum Beispiel weil sich der Betreffende frisch verliebt hat. Oder weil er einen neuen Chef bekommen hat, weil Bayern München Meister in der Fußball-Bundesliga wurde, weil der dominante Vater gestorben ist … Putzier zufolge gibt es keine absolut validen Kriterien, um Coaching-Effekte zu bewerten. Dennoch hält sie das von ihr angewandte Systemische Management Coaching, bei dem das persönliche und berufliche Umfeld einer Person explizit im Coaching-Prozess berücksichtigt und einbezogen wird, für ein wirksames Mittel, um eine substantielle positive Veränderung auszulösen.

Professor Stefan Kühl vertritt als kritische Stimme von außen die in der Branche provozierend wirkende Auffassung, der Nutzen von Coaching sei monetär nicht nachweisbar. Man könne schließlich nicht eindeutig erklären, warum jemand seine Leistung steigere, aus welchem Grund er besser harmoniere, was ihn neu motiviere. Überdies hält er für fraglich, ob Personalentwicklung und Coaching Organisationen wirklich verändern können.[95] Dem ist entgegenzuhalten, dass es durchaus messbare finanzielle Effekte gibt, etwa wenn man die Vermeidung von Kosten für Arbeitsausfall durch Krankschreibung sowie den geschilderten Aufwand für Headhunting und Abfindungen in Betracht zieht. Wenn im Anschluss an ein Coaching aus dem Low-Performer ein leistungsstärkerer und motivierter Mitarbeiter wird, stimmt die Bilanz der Investition in das Humankapital. Und solch optimierende

Effekte gibt es ohne Zweifel. Das hat sich mittlerweile auch in den Chefetagen herumgesprochen. Gerade auf dieser Erkenntnis basiert die Karriere des Coaching.

Professionell arbeitende Coaches klären nach dem Vorgespräch mit ihrem Klienten oder dem auftraggebenden Kunden die Ziele. Agenda und Zielvorstellung werden so präzise wie möglich schriftlich festgehalten. Nach Abschluss des Arbeitsprozesses erfolgt im Dreiergespräch eine kritische Evaluation. Für die Personalentwicklung sind nicht die Inhalte des Coaching relevant, sondern die Resultate. Jörg Schmitz, der Leiter der Abteilung Personalentwicklung in einem Versicherungsunternehmen, sieht es so, dass der Auftraggeber »einen geschützten Lernraum« schafft, in dem idealerweise nachprüfbare Resultate entstehen können.[96] Die Validität der Erkenntnisse nimmt zu, je standardisierter die Prozesse gehandhabt werden. Dennoch ist sich der Personaler bewusst, dass nach Abschluss des Coaching nicht immer der »Effizienzgrad« ermittelt werden kann. Änderungen des Verhaltens, der Einstellung und Leistung eines Menschen sind niemals monokausal ableitbar.

Derzeit ist es somit nicht möglich, die Qualität eines Coaches oder der von ihm durchgeführten Arbeit im Sinne einer Erfolgskontrolle objektiv zu bewerten. Was bleibt, sind die subjektiven Wahrnehmungen der Coachees, denen es oftmals nicht an einer eindeutigen Einschätzung gebricht.

Die Sozial- und Kulturwissenschaftlerin Dr. Carola W. Höppner ließ sich in Düsseldorf von einer Frau coachen, die aus der Geisteswissenschaft ausgestiegen war und in Universitätskreisen empfohlen wurde. Vor dem Auslaufen ihrer befristeten Anstellung im Rahmen eines Sonderforschungsbereichs an der Universität Tübingen suchte Höppner, damals Ende dreißig, einige Unsicherheiten hinsichtlich ihrer beruflichen Chancen im Hochschulbereich sowie zu außeruniversitären Alternativen zu klären. Der Coach allerdings gab nur laue und vage Bemerkungen ab. Schnell hatte die Klientin das Gefühl, dass ihr das nicht weiterhalf. In den Gesprächsterminen fehlte es vor allem an Struktur und Biss. Als ihr der Coach, eine Frau kaum älter als sie selbst, auch noch freudig erregt erzählte, dass sie selbst möglicherweise eine Mitarbeiterstelle an einer Universität bekommen könnte, verstärkte sich bei Höppner der Eindruck, hier stimme die Ebene nicht. Schließlich ging es um ihre berufliche Weichenstellung – und nicht um die weitere, möglicherweise akademische Karriere der sie coachenden Frau. Daher brach Höppner das Coaching enttäuscht ab.

Sie fand beim zweiten Anlauf eine etwas ältere, toughere Frau in Köln, die ihr tatsächlich neue Handlungsalternativen aufzeigte. Dieser Coach vermittelte ihr den Eindruck, es würden gerade ihr viele Türen offen stehen. Außerdem überlegte sie sehr konkret mit ihrem Gegenüber, wer für welche Projekte und Ideen der richtige Ansprechpartner sein könnte. Heute, einige Jahre später, erinnert sich die Rheinländerin amüsiert an das damalige Gefühl: »Und als ich wieder draußen auf der Straße stand, da glaubte ich wirklich, dass alles viel sonniger war, obwohl sich objektiv ja nichts verändert hatte.«[97] – Natürlich hatte sich die akademische Welt mit ihren so seltenen wie begehrten und allzu oft nach intransparenten Kriterien vergebenen Stellen ebenso wenig verändert wie ihre beruflichen Alternativen – dafür allerdings Höppners Sicht auf die Dinge und ihre persönlichen Chancen. Bezahlt hat sie weniger als 100 Euro pro Stunde. Beim ersten Coaching mit dem wenig erfahrenen Coach war es ihrem Empfinden nach das Geld nicht wert, beim zweiten mit der toughen Frau aber sehr wohl.

Für den promovierten Rechtsanwalt Dietrich von Klaeden ist es ganz einfach: Er hat während seiner Zeit beim Holtzbrinck Verlag jemanden erlebt, den er ohne Federlesen als den »besten Coach Deutschlands« bezeichnet: Dr. Gerhard Hehl, Jahrgang 1941, war im Stuttgarter Medienunternehmen über mehr als ein Jahrzehnt als Leiter des Personalmanagements angestellt, dann seit 2002 nach seinem Ausstieg als Management-Consultant und Coach tätig. Von Klaeden zufolge sei Hehl bemerkenswert schnell in der Lage, die Persönlichkeit seines Coachees und die Arbeitssituation, in der er steht, zu erfassen. Aufgrund dessen könne er passgenau fragen, den entscheidenden Stich setzen und effiziente Hinweise geben.[98] Hehl baute auf seiner profunden Berufserfahrung in der Personal- und Führungskräfteentwicklung von Konzernen wie BMW und Holtzbrinck auf. Heute coacht er Führungskräfte des mittleren und gehobenen Managements. Sein Klient spürte unmittelbar, dass der Coach der Richtige für ihn ist. Und er erlebte im Verlauf des Coachings sowie in der Zeit danach, wie ihm die gemeinsame Arbeit geholfen hat.

Wer tatsächlich von Blockaden befreit und innerhalb seines beruflichen wie sozialen Umfelds beflügelt agieren kann, wird seinem Coach ohne weiteres ein exzellentes Zeugnis ausstellen. Wenn es sich lediglich um Wellness-Lala, also »Couching« gehandelt haben sollte, dürfte das positive Feedback, das beim Empfehlungsmarketing von nicht zu unterschätzender Bedeutung ist, schlicht und einfach ausbleiben.

Jemand, der sich mit seinen Versprechungen weit aus dem Fenster lehnt, läuft Gefahr, sich angreifbar zu machen. Beispielhaft dafür ist die werbliche Aussage einer Homepage, die einen Kurs zum »Dipl. Karriere- und ErfolgsCoach (ECA)« anpreist. Dort heißt es: »Der Karriere- und ErfolgsCoach ist fähig, behindernde oder blockierte Teilsysteme zu identifizieren, die Ursachen und Muster, die es geformt haben, zu lösen und psychische Strukturen aufzubauen, die Karriere und/oder verfügbare Geldmenge fördern und vermehren.«[99] Ein Klient, der den »ErfolgsCoach« aufsucht, wird persönliche Karriere- oder Gehaltssprünge als verlockendes Ziel vor Augen haben. Wenn trotz eines absolvierten Einzel-Coachings der Weg nach oben verschlossen bleibt oder das erhoffte Salär nicht bewilligt wird, dürfte der Klient zu Recht enttäuscht sein. Wer so konkret wirbt, wie die Anbieter der vom Verband ECA zertifizierten Ausbildung, der öffnet Kritikern Tür und Tor. Vielleicht ist es tatsächlich möglich, dass der ErfolgsCoach dank seines attraktiv klingenden Angebots nicht nur seine persönliche »verfügbare Geldmenge«, sondern auch die der Klienten steigern kann. Falls der Erfolg jedoch ausbleibt, wird seine Reputation genauso schnell darunter leiden wie sein Bankkonto.

Die überwiegende Mehrheit der Coaches hütet sich deshalb vor allzu vollmundigen Versprechungen. Lieber stellt man heraus, einem Verband mit hohen Zugangsstandards anzugehören und von diesem zertifiziert zu sein. Wer kann, führt auf seiner Homepage Logos und Namen von Unternehmen auf, für die man in der Vergangenheit arbeitete oder für die man gegenwärtig tätig ist. Diese Referenzen stellen einen Qualitätsnachweis dar, denn – so wird suggeriert – welches dieser Unternehmen würde schon Hinz und Kunz oder gar einen Windbeutel engagieren? Es sind im Wesentlichen die gut funktionierenden Kundenbindungen, die Auskunft über die Qualität des Coaches geben. Die weiter zunehmende Inanspruchnahme von Coaches in der Wirtschaft ist als deutlicher Indikator für die positive Wirkung von Coaching-Maßnahmen anzusehen, denn Unternehmen haben üblicherweise »wenig Geld zu verschenken«.[100]

Schwieriger ist es, innerhalb der Organisationen und Firmen zu messen, ob der Coach sein Geld wert war. Dem Soziologieprofessor Kühl zufolge funktioniere Coaching häufig wie ein »Kummerkasten«, in den der Klient seine Probleme einwerfen könne.[101] Karriere- und Knigge-Coach Uwe Fenner formuliert drastischer, wenn er sagt, er fühle sich gelegentlich »wie ein Seelenspucknapf«. Egal ob Kummerkasten oder Spucknapf, bei der im Coaching-Prozess gewahrten Diskretion kann der Klient davon ausgehen, dass seine Kritik an Firma, Unternehmenskultur, Vorgesetzten und Kollegen nicht weitergetragen wird. Damit hat das Coaching für ihn eine besonders entlastende Funktion. Schließlich ist es nicht an der Tagesordnung, dass sich ein Außenstehender mit professionellem Hintergrund mit ihm im Zwiegespräch über seine berufliche Situation austauscht.

Als Kummerkasten hat der Coach fraglos eine Funktion, doch soll der Arbeitgeber dafür Tausende Euro ausgeben? Natürlich nicht, denn er definiert das Ziel anders: Ihm geht es um ergebnisorientierte Impulse durch den Coach, die sein Gegenüber dazu bringen, sein Verhalten zu modifizieren. Kritische Stimmen bezweifeln allerdings die Einwirkungsmöglichkeiten. So spricht Kühl aufgrund der »Verflechtung von personalem und sozialem Gedächtnis«

von Veränderungsresistenz des Einzelnen.[102] Die Coaches sehen das natürlich anders. Dorothée Putzier arbeitet als Systemischer Coach damit, das Umfeld ihres Klienten analytisch zu erfassen und explizit einzubeziehen. Putzier definiert als ihre Zielvorstellung den Klienten »ins Handeln« zu bringen. Dazu gehöre, dass die Menschen seines Systems daran teilhaben. Wenn jemand, der an Blockaden krankt, durch Coaching seine wirklichen Stärken kennenlernt bzw. wiederentdeckt und neue gangbare Wege findet, von denen er bis dato nichts wusste, dann ist es wesentlich für seinen Erfolg, dass er sein berufliches wie privates Umfeld entsprechend mit einbezieht. Fatal wäre, wenn seine mehr oder weniger radikale Neuausrichtung auf Ablehnung stößt. Es kann im Arbeitsumfeld überaus irritierend wirken, wenn jemand Kehrtwenden macht, die man nicht von ihm erwartet. Schaltet der sonst als »harter Knochen« bekannte Chef auf »Kuschelkurs« und fragt seinen Mitarbeiter mit ehrlichem Interesse, wie denn eigentlich der Urlaub war und wie es der Familie geht, dann kann dies als aufgesetzte Attitüde abgetan werden. Ein professioneller, seriöser Coach sieht diese Gefahr von Verständnis- oder Akzeptanzproblemen und minimiert sie.

Soziologen sprechen von Selbst- und Fremderwartungen, die miteinander so verflochten seien, dass sich der Einzelne daraus kaum lösen könne. Wenn dies zutrifft, ist die mit dem Coaching einhergehende Heilserwartung in vielen Fällen nicht mehr als eine unerfüllbare Wunschvorstellung. Vordergründig wird die Veränderung im Sinne der Optimierung gewollt und als Auftrag definiert, aber in der Praxis ist sie aufgrund der über Jahre eingefahrenen Verhaltensmuster und der Beharrlichkeit der Hierarchie, in der der Einzelne steht, nicht nach ein paar Doppelstunden Coaching zu erreichen. Da gäbe es Kühl zufolge eine »unrealistische Steuerungsphantasie« bei den von ihrem Potential überzeugten Coaches.[103] Überhaupt, der Faktor Mensch darf nicht unterschätzt werden. Es ist nämlich auch möglich, dass jemand nach der Absolvierung eines Coaching überhöhte Leistungsansprüche an sich stellt. Infolgedessen kann es sogar zu einem generellen Abfall der Leistungskurve kommen.[104]

Die Coaching-Verbände bemühen sich seit Jahren zu definieren, was qualifiziertes Coaching wirklich ausmacht. Dabei spielen die Zertifikate und Auditierungen eine wichtige Rolle. Hat ein Coach eine zertifizierte Aus- oder Weiterbildung bei einer vom Verband XY auditierten Schulungseinrichtung gemacht, suggeriert dies eine höhere Qualifikation als bei Coaches ohne diesen Hintergrund. Damit ist in der Tat schon einmal viel gewonnen, und die Auftraggeber, also vor allem an Coaching-Dienstleistungen interessierte Unternehmen, fragen ab, ob und welche Zertifikate der Anbieter aufzuweisen hat, wenn man sich noch nicht kennt. Überdies suggeriert die Mitgliedschaft in einem der angesehenen Verbände Seriosität und Professionalität. Wer aufgrund solcher Qualifikationen Aufnahme in Coaching-Datenbanken oder das jährlich von der Fachzeitschrift *ManagerSeminare* publizierte Verzeichnis »CoachGuide« findet, verfügt über einen Vorteil im Markt.

Ärgerlich nur, wenn bei näherer Betrachtung festzustellen ist, dass es hier selbstreferenzielle Milieus gibt. Wie viel sind etwa Auditierungen eines Verbandes wert, wenn er fest mit einem kommerziellen Anbieter zusammenarbeitet? Wie gut sind ältere Coaches und frische Kursabsolventen wirklich, wenn sie in einen Verband aufgenommen werden, der danach lechzt, durch möglichst hohe Mitgliederzahlen zu glänzen, und entsprechend niedrige Zugangshürden aufstellt? Der im Rheinland ansässige 2005 gegründete Deutsche Coaching Verband (DCV) etwa erklärt zum einen, er habe unter den Verbänden einen der strengsten Qualitätsstandards. Zum anderen übt er die Praxis, bereits Teilnehmer an einer Coaching-Ausbildung aufzunehmen, die ihre Ausbildung noch gar nicht beendet haben. Unschwer vorstellbar ist, dass davon kein wirkliches Qualitätssignal ausgeht. Verbänden mit Führungsanspruch wie dvct und DBVC, die eine Professionsbildung anstreben, gefällt das gar nicht. Hier ist das Kompetenz-Darstellungs-Dilemma offensichtlich, von dem Professor Kühl bei seiner kritischen Beurteilung der Coaching-Branche spricht: Solange es keinen allgemein anerkannten Verband gibt, bleibt auch die Zertifizierung und Auditierung von Coaches wie von Ausbildungen ein Problemfeld.[105] Vielen Kunden und Klienten – jenen, die über kein Insiderwissen verfügen – bleibt die Branche intransparent. Nicht selten haben sie dafür ein teures Lehrgeld zu zahlen.

Fragt man etablierte Coaches nach den Scharlatanen und Trittbrettfahrern der Branche, so bekommt man in der Regel bescheinigt, dass es sie sehr wohl gibt. Namen werden aber so gut wie nie genannt. Die Antworten bleiben im Ungefähren. Wer will schon derjenige gewesen sein, der einen anderen anschwärzt, unabhängig davon, wie berechtigt es ist? Ein Grund dafür liegt in der zersplitterten Verbandslandschaft. Die Vorsitzenden, die positionsbedingt einen besseren Überblick über die Coaching-Anbieter haben, äußern sich ungern in direkter, kritischer

Weise über Kollegen, die in anderen Verbänden aktiv sind. Dank der Coaching-Internet-Foren könnte sonst in Windeseile ein ausufernder, hässlicher Disput entstehen, der sich nur noch schwer unter Kontrolle bekommen lässt – und letztendlich niemandem dient. Daher übt sich das Gros der Verbandsrepräsentanten in Zurückhaltung, was die offene Kritik an Konkurrenten betrifft, und seien sie noch so dubios. Das mag verständlich sein, hilfreich für die Selbstreinigungskräfte der Branche ist es indes nicht. Schwarze Schafe sollten – wenn man ihnen schon nicht Einhalt gebieten kann – wenigstens benannt werden, um die potentiellen Klienten zu warnen.

Manche Coaches überschreiten etwa regelmäßig die Grenzen, indem sie direkte Interventionen bei ihren Klienten ausüben, Aufforderungen und Ratschläge geben oder in eindeutig therapiebedürftigen Zonen agieren. Dabei kann gravierender Schaden angerichtet werden. Begeht ein Coachee Selbstmord, kommt unweigerlich die Frage auf, ob der Coach Fehler gemacht hat. Er hätte doch erkennen müssen ... Doch das ist bei Therapeuten oder Ärzten nicht anders. Schließlich bringen sich gelegentlich auch Patienten von Psychiatern oder Psychotherapeuten um, wie das traurige Beispiel des Fußballers Robert Enke im Herbst 2009 zeigte. Davor schützt keine noch so gründliche Ausbildung. Die Gründe für eine solch finale Tat liegen nicht immer auf der Hand. Sie können in einer verzweifelten Lebensbilanz verborgen sein, in die nicht einmal Mediziner Einblick bekommen, die über lange Zeit mit einem Patienten arbeiten.

Ein Coach, der nach zwei bis drei Sitzungen feststellt, dass die Selbststeuerungsfähigkeit bei seinem Gegenüber nicht mehr besteht, dass es offenkundig Traumatisierungen gibt, die ein Therapeut oder Arzt behandeln sollte, hat seinen Coachee darauf hinzuweisen. Bei aller gebotenen Zurückhaltung muss er klar ansprechen, dass derartige gravierende Probleme nicht im Coaching behoben werden können. Versäumt ein Coach diesen Hinweis, weil er die Probleme unter- und sich selber überschätzt oder gar aus finanziellen Erwägungen, dann handelt er grob fahrlässig. Darüber spricht natürlich keiner, der es selbst verbockt hat. Quacksalber sind immer die anderen! Die dazu passende Formulierung lautet in etwa: »Ich habe davon gehört, dass ein Kollege – einen Namen will ich hier bewusst nicht nennen – seinen Klienten so lange gecoacht hat, bis …«

Doch wer ist wirklich davor gefeit, ernste Fehler zu machen? Schützen strikt standardisierte Ausbildungen oder gar eine staatliche Aufsichtsinstanz wie in Österreich vor methodischem Wildwuchs und Verwässerung des Niveaus? In der Alpenrepublik zertifiziert das beim Wirtschaftsministerium akkreditierte WIFI-Wirtschaftsförderungsinstitut die Coaching-Ausbildungen. Könnten strengere Standards und Reglementierungen, die eine Reihe von Coaches favorisieren, tatsächlich die Lösung darstellen? Ja und nein, denn trotz der damit verbundenen höheren Transparenz und Verlässlichkeit bezüglich der Qualifikation kann gepfuscht werden. So gibt es auch approbierte Ärzte oder niedergelassene Anwälte, die schlecht arbeiten, mit weit reichenden Folgen. Dass die Aufstellung von Hürden automatisch zur Verbesserung der Leistungsanbieter und zu höherer Effizienz führt, ist längst nicht ausgemacht. Zudem darf vermutet werden, dass hinter den Forderungen nach zertifizierten Ausbildungen knallharte finanzielle Interessen stecken. Wenn die Integral Coach Academy in Berlin für einen an zehn Wochenenden – von Freitag bis Sonntag – stattfindenden Einsteigerkurs knapp 10 000 Euro verlangt, dann ist ohne Weiteres erkennbar, dass es hier um richtig viel Geld geht. Die auch ein individuelles Lehr-Coaching und Supervision beinhaltende Ausbildung ist dank der Zertifizierung durch den Verband ICF derzeit als einzige in Deutschland international anerkannt. Das ist ohne Zweifel von Wert, wenn man daran denkt, später nicht nur zwischen Flensburg und Basel zu arbeiten.

Alles hat seinen Preis, vor allem die Vielschichtigkeit, Qualität und darauf basierend die Akzeptanz der Ausbildung sowie die Reputation der Institution. So ist die bei Dr. Ulrike Wolff unter dem Titel »Coach the Coach« angebotene Weiterbildung zur Vertiefung des methodischen Repertoires und zur Schärfung des eigenen Profils noch kostspieliger als der Kurs bei der Integral Coach Academy. In gewisser Weise findet hier eine soziale Auslese statt. Wem die nötigen Mittel fehlen, so die Botschaft, hat in der Upper Class nichts verloren. Führt aber der Weg zum Erfolg tatsächlich nur über eine teure Ausbildung bei einem renommierten Anbieter? Das Beispiel Gerhard Hehls zeigt etwas anderes, denn dieser gut etablierte Coach hat keine Kurse absolviert und gehört keinem Verband an. Sein Standing speist sich aus – ja, was? – Erfahrung, ständiger autodidaktischer Weiterbildung und Persönlichkeit. Auch das kann kein Garant für ein effizientes Coaching sein, aber wäre Hehl ineffektiv, würde wohl kaum jemand von ihm schwärmen, und er würde nicht wiederholt von Unternehmensseite für Management Audits konsultiert, in denen es darum geht, die Eignung eines Managers für bestimmte Führungsfunktionen zu ermitteln.

Noch ein anderer Aspekt ist von Bedeutung, um geschäftlich zu reüssieren: Asma Semler betrachtet innere Großzügigkeit als unumgänglich für ihre Arbeit als Coach. Sie stellt nicht alles in Rechnung und weiß aus Erfahrung, dass sich dies à la longue rentiert, denn die Verbundenheit ihrer Klienten wird dadurch verstärkt. Ähnlich handelt Gerhard Hehl. Seine Coachees können ihn nicht nur jederzeit zwischen den einzelnen Sitzungen telefonisch oder per Mail um Rat fragen. Überdies bleibt der Ludwigshafener auch nach Beendigung des Coaching mit seinen Klienten in Verbindung, wobei mitunter kurze Beratungen erfolgen, die nicht zu einer erneuten Honorarforderung führen. Generell pflegt der Führungskräfte-Coach langjährige Kontakte mit seiner Kundschaft, ungeachtet des Aufwands an unbezahlter Zeit. Letztlich stellt für Hehl ein stabiles Netzwerk zufriedener Klienten und Unternehmen die Basis für neue Aufträge dar, denn Empfehlungen sind die beste Werbung. In den positiven Bindungen sieht Hehl – wohl zu Recht – die aussagekräftigste Evaluierung seiner Coaching-Tätigkeit. Wer sich großzügig zeigt und über einen langen Atem verfügt, führt am Ende nicht nur den Erfolg des Kunden, sondern auch seinen eigenen herbei.

DIE COACHING-BRANCHE

Geschäftspotential und Wertschöpfungsketten

Kritische Beobachter sehen derzeit folgendes Szenario: Jeder, der heute Coach werden will, lässt sich ausbilden. Es sind Tausende. Dies geschieht bei privaten Instituten, die teils über einen hervorragenden Ruf verfügen, teils aber auch vor allem das schnelle Geld machen wollen. Die Rechnung geht für die Ausbildungsanbieter sehr viel leichter auf als für die Coaches selbst: Wer zu Seminargebühren von 3000 bis 10 000 Euro an die 20 oder mehr Kunden gleichzeitig ausbildet, hat mit gut kalkulierbarem Aufwand einen respektablen Umsatz erzielt. Ein Coach dagegen müsste dafür kontinuierlich übers Jahr gut bezahlte Firmenaufträge oder solvente Selbstzahler akquirieren. So gefragt sind aber nur die Wenigsten!

Christopher Rauen schätzt, dass in Deutschland etwa 30 bis 40 Millionen Euro jährlich für Coaching-Ausbildungen gezahlt werden. Das sei im direkten Vergleich mit den riesigen Umsätzen der anderen Bildungsdienstleister eine geradezu marginale Summe. Dem kann man zustimmen, doch auffällig ist, dass bei einem geschätzten Umsatzvolumen der deutschen Coaching-Branche von etwa 300 Millionen Euro ein guter Teil im Bildungssektor generiert wird, wobei die Coaches den dafür benötigten finanziellen Aufwand im Regelfall selbst tragen. Demgegenüber sprudelt das Geld der regulären Kunden und

Klienten bei genauerer Betrachtung längst nicht so üppig, wie gerne postuliert wird. Kann man vor diesem Hintergrund wirklich von einem lukrativen Geschäftsfeld sprechen? Im Vergleich mit der deutschen Consulting-Branche ist das Coaching – betrachtet man die nackten Zahlen – lediglich ein hübsches Mauerblümchen. Dort wurden 2009 von insgesamt 84 600 Beratern – zu denen freilich auch die sehr teuren IT-Dienstleister gehören – 17,6 Milliarden Euro Umsatz erzielt![106] Bei den Consultants gibt es namhafte Akteure, große, imagebildende Firmen wie Roland Berger, McKinsey und Boston Consulting Group sowie einen immensen Pro-Kopf-Umsatz. All das fehlt dem Coaching – und es wird sich daran erst einmal nichts ändern.

Das Grundproblem des einzeln agierenden Coaches ist die erfolgreiche Auftragsakquise. Ein Seminaranbieter kann sehr viel gezielter in Coaching-Newslettern, Online-Datenbanken oder Fachpublikationen wie etwa *Harvard Business Manager* inserieren, um dort seine Kurse zu bewerben. Dadurch befeuert, produzieren Ausbildungsstätten neue Coaching-Adepten wie am Fließband. Nach der Ausbildung wartet jedoch selten eine sehnsüchtige Schar von Klienten auf die frischgebackenen Coaches. Vielmehr dürfte ihnen die ernüchternde Erkenntnis bevorstehen, dass die Beherrschung von Techniken wie Systemisches Coaching oder NLP für einen erfolgreichen Markteintritt nicht annähernd so wichtig sind wie die allgemeinen Soft Skills und tragfähige Kontakte. Von der Wirkung des persönlichen Auftretens und der Weitläufigkeit der Vernetzung hängt die Chance auf das Gelingen des Einstiegs ab. Nicht zuletzt aber auch von Protegierung durch etablierte Kollegen, die bei geeigneter Gelegenheit Empfehlungen aussprechen und dann, wenn der Neuling ins Geschäft kommt, eine »finders fee« genannte Umsatzbeteiligung erhalten. Normalerweise findet aber ein überaus harter, allzu oft kaltherzig geführter Verdrängungswettbewerb unter Kollegen statt.

Das stärkste Wachstum aufseiten der Anbieter ist derzeit beim Life Coaching zu konstatieren. Nicht wenige Neueinsteiger glauben, dass sie hier hohe Stundensätze realisieren werden, die ihnen ein echtes Auskommen ermöglichen. Doch das entpuppt sich schnell als Illusion. In Berlin-Mitte etwa kann man schnell den Eindruck bekommen, hier gäbe es Abertausende von potentiellen Klienten, die auf den persönlichen Durchbruch warten und dafür einen Coach als entscheidenden Impulsgeber benötigen. Da sich hier allerdings auch zahllose Coaches drängeln, ist die Lage alles andere als einfach. Zum einen sitzt das Geld weniger locker als angenommen. Zum anderen drückt die Vielzahl der Anbieter die Preise nach unten. So weit, dass die akribisch aufgestellten Businesspläne Makulatur werden.

Eine Praxis mit gediegener Ausstattung, eine ansprechend gestaltete Homepage sowie wertig anmutende Geschäftsdrucksachen gehören zur Standardausstattung jedes neuen Coaches, dient es doch der standesgemäßen Flankierung seiner Selbstdarstellung. Doch das erfordert nicht nur eine satte Anfangsinvestition, sondern auch ein dauerhaft belastbares Budget. Das gilt selbst für denjenigen, der alleine startet und keine Gehälter für Assistenzkräfte zahlt.

Als Richtschnur gilt, dass ein Coach mit eigenem Büro nur dann kostendeckend arbeiten kann, wenn er mehr als 150 Euro pro Stunde einnimmt und einen ausreichenden

Kundenstamm hat. Bei 50 Euro, zu denen etwa schon in Berlin Life Coaching rund um Themen aus Privat- und Berufsleben angeboten wird, oder etwa 75 bis 100 Euro in Leipzig, Köln und Münster lässt sich nicht wirklich leben oder gar der Gründerkredit bedienen. Problematisch ist bei den Dumpingpreisen, dass sie auf lange Sicht den Anstieg auf ein angemessenes Level verhindern, denn um Stundensätze von über 200 Euro fordern zu können, die etwa in Berlin den oberen Bereich der Honorarskala ausmachen, muss man sich glaubhaft von jenen Coaches absetzen, die auch für die Hälfte arbeiten. In Berlin, wo es von gut ausgebildeten Akademikern nur so wimmelt, ist das gar nicht so einfach. Hier hat das starke Missverhältnis zwischen Angebot und Nachfrage für ein Preisniveau gesorgt, das in den westdeutschen Metropolen nicht denkbar wäre.

Schon jetzt existiert ein großer Kreis unzureichend beschäftigter Coaches. Viele dieser wenig konsultierten Anbieter sind genötigt, Nebentätigkeiten auszuüben, um wirtschaftlich überhaupt über die Runden zu kommen. Wie sieht hier die Zukunft aus? Vermutlich wird es noch mehr pseudoprofessionelle Life Coaches geben, die sich als Webdesigner, Dogwalker oder Gelegenheitsjobber durchschlagen und darauf warten, dass jemand auf sie aufmerksam wird. Noch mehr hoffnungsfrohe Nischensucher, die ihre Flyer an Kassen von Bio-Supermärkten ausliegen haben, wo sie mit Angeboten für Meditation und Ausdruckstanz konkurrieren. Wenn weiterhin an der reellen Nachfrage vorbei ausgebildet wird, müssen sich die Novizen nicht wundern, am Berufseinstieg zu scheitern. Die Zertifikate als Ausweis der Qualifikation und die Homepage als erweiterte Visitenkarte allein verhelfen eben nicht zum Erfolg. Wer sein Geschäft wirklich zum Laufen bringt, schafft dies meist über einen größeren Firmenkunden sowie über ein effektives Empfehlungsmarketing. Kopieren lässt sich dieses Modell nicht. Die Folge ist ein ausuferndes, brancheninternes Coaching-Prekariat.

Was wäre die Alternative? Die Errichtung von Zulassungsbeschränkungen zur Ausbildung und Niederlassung wie in der Ärzteschaft oder bei Rechtsanwälten? Das ist in der Coaching-Branche in Deutschland nicht zu erwarten. Es steht aber auch nicht zu befürchten, dass in den Metropolen künftig neben der Fülle an Arztpraxen, Rechtsanwaltskanzleien und Versicherungsagenturen eine überbordende Zahl von Coaching-Büros aufgemacht wird. Das Metier wird speziell bleiben, aber dennoch überbesetzt sein, da sich bislang eben nur einige Hunderttausend Leute pro Jahr in Deutschland coachen lassen, unberührt davon, dass die Medien mit schöner Regelmäßigkeit ein weitaus rosigeres Bild zeichnen.

Beispielhaft ist eine umfangreiche Geschichte, die *Die Zeit* 2008 unter dem Titel »Das gecoachte Ich« brachte. Der Autor Christian Schüle mutmaßte, dass bereits zu dem Zeitpunkt etwa 40 000 Coaches in Deutschland tätig waren. Seiner Einschätzung nach hatte sich die Anbieterseite innerhalb von fünf Jahren um das Zwanzigfache vermehrt.[107] Eine Übertreibung, denn ganz so exponentiell wuchs die Branche nicht. Ähnlich optimistisch berichtete Tobias Moorstedt 2010 in einem Essay in der *Süddeutschen Zeitung*, dass sich an die 55 Prozent der Manager in den vergangenen fünf Jahren hätten coachen lassen. Generell erwarte die Branche nach der andauernden Finanz- und Wirtschaftskrise einen Boom.[108] Solche Artikel, flankiert von TV-Formaten und anderen Berichten, erzeugen den Eindruck, dass es in der Branche stetig nach oben ginge und ein jeder sich in allen nur erdenklichen Berufs- und Lebensfragen coachen ließe.

Naturgemäß beurteilen die Coaches selbst die Perspektiven ihres Berufsfelds ebenso positiv. Die vorwiegend auf dem Berliner Markt arbeitende Dorothée Putzier meint voller Optimismus, das Geschäft sei keineswegs überhitzt, es gehe jetzt erst richtig los. Gerhard Hehl ist der Ansicht, die Branche werde im deutschsprachigen Raum weiter boomartig wachsen, allerdings mit allen Schattenseiten einer derartigen Entwicklung. Dies deckt sich mit der Einschätzung einer ganzen Reihe von professionellen Coaches, egal ob sie Verbandsmitglieder sind oder unabhängig agieren. Immer wieder ist zu hören, der Bedarf auf der Klientenseite wachse wegen eines beträchtlichen »Leidensdrucks« in Firmen und Organisationen sowie aufgrund der wachsenden Popularität von Coaching. Sabine Asgodom meint gar, es gebe an die 60 Millionen potentielle Klienten in Deutschland. Eine Übersättigung des Marktes sei deshalb nicht zu erwarten. Diese Vorstellung hat natürlich für viele dieser Dienstleister etwas Verlockendes: Der Branche würde ein goldenes Zeitalter winken, falls das Bedürfnis nach Coaching die Allgemeinheit erfasst.

Das Berufsleben wäre dann tatsächlich nur noch ein Arbeitsfeld unter vielen – Coaching würde in wirklich allen persönlichen und privaten Lebensbereichen Anwendung finden. Life Coaching kann überall greifen: im Sport, im Beziehungsleben, bei Zahnarztphobie oder Lampenfieber. Von dieser inflationären Ausweitung hält Christopher Rauen nichts, denn Life Coaching tut er wie viele Angehörige des harten Kerns der Branche als nicht marktfähig ab. Wie will man, so sein Argument, als Life Coach Geld verdienen, wenn überaus ähnliche Dienstleistungen beispielsweise zum Angebot von Seelsorgern und Therapeuten gehören, für die der krankenversicherte Privatkunde nichts zahlen muss?

Wer trotzdem in der Branche reüssieren will, wird nicht nur netzwerken und sich selbst effektiv vermarkten müssen – etwa durch eigene Buchpublikationen –, sondern überdies ein Geschäftsmodell verfolgen, das nicht nur auf ein Pferd setzt. Eine ganze Reihe von Coaches strebt genau dorthin, mit sehr gemischten Resultaten. Die Richtung, die diese Multitalente einschlagen, verspricht Gewinn, sie garantiert ihn aber nicht. Und ob die Work-Life-Balance dieser arbeitsaktiven Coaches stimmt, steht auf einem ganz anderen Blatt. Schließlich ist solch eine Karriere nicht ohne hohen zeitlichen Aufwand und Konzessionen zulasten des Privatlebens zu erreichen. Wenn man sich bei dieser Gelegenheit in Erinnerung ruft, wie dick einige Coaches bei der Selbstdarstellung bezüglich ihres privaten Glücks auftragen, dann entsteht Skepsis, ob hier nicht systematische Augenwischerei betrieben wird, um den Klienten zu beeindrucken. Persönliche Souveränität ist schließlich fester Bestandteil des Geschäftsmodells, auch wenn sie gelegentlich nur gut gespielt sein mag.

•••

Es gibt zahlreiche Coaches, die ihre Kollegen, Konkurrenten oder Mitbewerber herzlich wenig beachten. Sie erleben, dass deren Zahl wächst, aber im Detail beobachten sie den Prozess nicht. Am besten sieht es wenig überraschend im Business Coaching aus. Dort sind die Geschäftsbeziehungen meist über Jahre gewachsen. Jemand, der es in einen der Pools externer Coaches bei Lufthansa, Allianz, Deutscher Bank, Bayer oder Dräger geschafft hat, wird den heißen Atem der frischausgebildeten Konkurrenten kaum im Nacken spüren. Schließlich hat in diesem Segment das Geschäft etwas von einem Closed Shop. Hier kann man sich nicht per Kaltakquise, auf Messen verteilten Imageprospekten oder über die eigene Homepage aussichtsreich ins Gespräch bringen. Vielmehr durchlaufen die Kandidaten vor ihrer Aufnahme in den Pool ein aufwendiges Verfahren, das sie auf Herz und Nieren prüft. André Schnell sagt dazu, er musste »durch sehr viele Reifen springen«, um letztlich aufgenommen zu werden. Der dafür benötigte zeitliche Aufwand wird von niemandem bezahlt, doch wenn man erst einmal dazugehört, hat sich die Investition locker rentiert. Schließlich pflegen die Firmen ihre im letzten Jahrzehnt gebildeten Coaching-Pools mit Bedacht und trennen sich nur selten von einem Berater, der einmal akzeptiert wurde. Dort eine Lücke zu finden ist enorm schwierig. Wenn es gelingt, dann zumeist infolge tragfähiger Referenzen.

Verständlicherweise wachsen hier besonders starke Begehrlichkeiten, denn im Business Coaching oder gar im auf Vorstände und Inhaber fokussierten Top-Executive-Coaching werden die höchsten Honorare gezahlt. Wer auf dieser Ebene arbeitet, gehört zur Champions League der Coaches. Mehr als 2500 Euro Tagessatz bis hin zu angeblichen Spitzen über 10 000 Euro seien hier – nach Angabe einiger Anbieter – zu verdienen. Fragt man nach der Berechtigung für diesen Preis, dann heißt es, er bemesse sich an den Gehältern der Klientengruppe.[109]

Nur wenige haben es als Top-Executive Coach in diese exorbitanten Verdiensthöhen geschafft. Eine von ihnen ist die unter anderem auf Karriere, Führung und Konfliktlösungen spezialisierte Claudia Daeubner. Ihre Klienten gehören der ersten und zweiten Managementebene von internationalen Konzernen an und stammen aus aller Herren Länder. Sie reisen nach Wien, um den eintägigen Coaching-Sitzungen der 52-Jährigen beizuwohnen. 8000 Euro verlangt sie pro Tag und erhält sie auch. Lediglich Großkunden, die sie öfters buchen, bekommen einen 1000-Euro-Rabatt.

Wie gerät man dorthin? Nicht etwa, indem man bei 150 Euro pro Stunde startet, erklärt Daeubner. Nach einer Karriere in der Personalführung und im internationalen Executive Search trat sie als Executive Coach mit einem Tagessatz von 5000 Dollar auf den Markt. Ihre Klienten zahlten das bereitwillig. Später erhöhte sie den Tarif und beschloss 2004, als sie wegen Überlastung aufgrund zu vieler Coachees gesundheitliche Probleme bekam, das Honorar noch einmal anzuheben. Mit ihrer 1999 gegründeten Firma Success & Career Consulting International bietet sie ausschließlich Executive-Coaching an. Daeubner ist etabliert und über Europa hinaus gefragt, vor allem da mit einer Reihe großer Unternehmen eine langjährige Klientenbeziehung besteht.

So verlockend das klingt, so ernüchternd ist die Erkenntnis, dass diese höchst lukrativen Coachings nicht in hoher Schlagzahl stattfinden. Sie sind die Ausnahme. Es gehören schon besondere Talente und eine gehörige Portion Findigkeit dazu, hier zum Ziel zu kommen. Etwa in der Art von Volker von Courbière, der unter dem werblich attraktiven Label »Coach-to-go« mit Führungskräften auf Langstreckenflügen arbeitet. Selbst Edel-Coaches betreuen in einem Geschäftsjahr höchstens eine Handvoll von Klienten aus den Chefetagen von Dax-30-Unternehmen. Und mit diesen Klienten können sie sich nicht einmal im Detail schmücken, denn Diskretion ist Pflicht. Wichtig ist zudem, dass sich die Vorstände im Regelfall ihren Coach selbst aussuchen und den Pool des eigenen Unternehmens ignorieren. Welcher Top-Manager möchte schließlich von einem Mitarbeiter der Personalabteilung souffliert bekommen, von wem er sich coachen zu lassen hat? Das ist eher ein Procedere, das vor allem auf der mittleren Führungsebene oder bei Nachwuchskräften Anwendung findet.

Der Vorteil von Firmenkunden ist für den Coach, dass er dauerhafte, relativ gut dotierte Verbindungen aufbauen und pflegen kann, die für ihn den Charakter eines Brot- und-Butter-Geschäfts ausmachen. Jemand, der von der Allianz AG als Trainer zu Mitarbeiterschulungen eingeladen wird und darüber hinaus im Versicherungskonzern coacht, der verdient anständig. So weit kommt allerdings nur ein kleiner Teil der Coaches im deutschsprachigen Raum. Wer von sogenannten Selbstzahlern konsultiert wird, Klienten also, die aus persönlichem Antrieb das Coaching-Gespräch suchen und jemanden benötigen, der ihnen beim Aufspüren und Durchschlagen ihres gordischen Knotens hilft, hat deutlich weniger einträgliche Kunden.

In dem Gewerbe geht es eben nicht zu wie beim Arzt, wo die Patienten im vollen Wartezimmer auf den ersehnten Ruf »Der Nächste, bitte!« harren. Auch ist die Arbeitskapazität begrenzt. Ein erfahrener Führungskräfte-Coach wie Roland Jäger übernimmt maximal zwei Dutzend Einzel-Coachings pro Jahr. Die Dauer ist im Regelfall durch die ihn beauftragende Firma mittels eines fixierten Budgets begrenzt. Zwangsläufig ergibt sich Jäger zufolge daraus, dass es nicht ausreicht, ausschließlich Coaching anzubieten. Wer schon mehr als ein Jahrzehnt im Geschäft ist, bezieht sein Einkommen in der Regel aus mehreren Quellen: Jäger hält als Trainer Seminare ab, begleitet Entwicklungsprozesse in Unternehmen und coacht. Darüber hinaus veröffentlicht er Bücher über Coaching und Führungsthemen und bloggt zu aktuellen Themen in Online-Foren.

Bei den arrivierten Coaching-Anbietern ist ein breites Angebotsportefeuille, das gelegentlich einer geschickten Verwertungskette ähnelt, keineswegs die Ausnahme, sondern die Regel. So trat Hans Rudolf Jost 1997 mit seinem Unternehmen Change Factory in Zürich auf den Plan und offerierte von Beginn an Dienstleistungen wie Change Management, Vorträge, Seminare und eben Coaching. Mit der Zeit veröffentlichte er Bücher, die seine professionellen Erfahrungen wiedergaben. Face-to-Face-Coaching macht der Schweizer persönlich heute nicht mehr, sondern höchstens einmal Beratungen für Führungsteams. Bei Bedarf an Einzel-Coachings empfiehlt er assoziierte Anbieter aus seinem Umfeld. Ein Grund dafür ist, dass der 57-Jährige seine berufliche Tätigkeit darauf fokussieren möchte, was er am besten beherrscht, und das ist die Architektur von Change-Management-Prozessen in Unternehmen. Josts Entwicklung als Berater, für den das Coaching nur noch im Hintergrund mitläuft, ist symptomatisch für einen Kreis der Dienstleister. Sie können viel, bieten aber nicht alles an, sondern offerieren ihre Kernkompetenz, die sich erst mit der Zeit herausgebildet hat.

So ist der in Berlin ansässige Uwe Fenner seit 2003 mit Knigge-Themen erfolgreich, wozu er Seminare gibt, Vorträge hält und Etikette-Bücher veröffentlicht.[110] Überdies ist die Agentur des einst für die Unternehmensberatung Kienbaum arbeitenden Juristen im Headhunting aktiv. Jemand, der einmal für eine renommierte Consultingfirma tätig war, besitzt im Wettstreit um Attraktivität für die Firmenkunden entscheidende Vorteile. Im Szene-Jargon spricht man auch von einem »Consultant-Heiligenschein«. Wer einen derartigen Hintergrund aufweist, hebt sich für viele Auftraggeber wohltuend von der großen Gruppe der psychologisch geschulten Coaches ab. Ehemalige Berater oder Headhunter wie Fenner denken und coachen wegen ihrer profunden Kenntnisse aus Wirtschaft und Organisationen handlungsorientierter als Psychologen. Kritische Stimmen aus dem Lager der Betriebswirtschaftler sagen, die Coaches psychologischer Provenienz würden ihre Klienten zwar häufig »auf der weiten Reise ins Innere des Ich« begleiten, aber die Handlungsorientierung im Berufskontext vernachlässigen.

Unter dem Strich ist folgender Befund festzuhalten: Nur eine dünne Oberschicht derjenigen, die im deutschsprachigen Raum Coaching anbieten, lebt wirklich davon. Der Marburger Studie zufolge erwirtschaftet lediglich ein Zehntel der Coaches sein Einkommen ausschließlich in diesem Arbeitsfeld. Mehr als die Hälfte der Anbieter verdient sogar nur unter 30 Prozent des Jahreseinkommens im Coaching![111] Üblicher ist der flexible Anbieter, der ganz verschiedene Kanäle bespielt.

Wer zu diesem Kreis gehört, hat sich über die Jahre ein Profil aufgebaut, das wesentlich mehr umfasst als das, was man in Coaching-Kursen lernen kann. Vielmehr weisen diese Berater langjährige Berufs- und Führungspraxis auf, besitzen ein ausgeprägtes Talent zur Selbstdarstellung und sind überaus eloquent, Fähigkeiten also, die eher auf Intellekt und Lebenserfahrung zurückzuführen sind. Die zahlreichen Neueinsteiger mögen über profundes akademisches Wissen, einen Therapeutenhintergrund, eine zertifizierte, mehrschichtige Ausbildung als Systemischer Coach und auch die nötige Empathie verfügen. Ihnen gebricht es in der Regel dennoch an dem, was für diesen Job überaus wichtig ist: ein möglichst breiter, individueller Erfahrungsschatz. Daher lassen die Routiniers nicht selten im Brustton der Überzeugung verlauten, dass sie im Laufe der Jahre immer besser würden und ihr Vorsprung vor den jüngeren Kollegen eher wachsen als abnehmen würde.

Die bereits erwähnte, Ende 2009 veröffentlichte Marburger Studie über das Management von Coaching deckte eine interessante Diskrepanz auf: Fragt man Coaches nach ihren durchschnittlichen Tagessätzen, so geben sie zwischen 1000 und 2000 Euro an. Die Klienten dagegen sprechen von 500 bis 1500 Euro.[112] Es ist durchaus denkbar, dass die Anbieterseite in der Öffentlichkeit mit Vorliebe von höheren Tarifen spricht, um dadurch den eigenen Status zu verbessern. Es mag dem steten Zwang zur Selbstvermarktung geschuldet sein, wenn jemand auf diesem Wege das eigene Image zu polieren sucht. Überhaupt, wer will schon zu jenen gehören, die sich mit dem Durchschnitt befassen, oder gar nur für Selbstzahler mit kleinem Budget in Frage kommen? Freilich gibt es auch solche Coaches, die ganz offen auf der Homepage niedrige Stundensätze angeben. Die Masse allerdings nennt die Summe erst im direkten Gespräch mit den Firmenkunden und Klienten – und variiert je nach Interesse und Auslastung. Bei Anwälten werden Dienstleistungsrechnungen durch die Vorgaben des Rechtsanwaltsvergütungsgesetzes gedeckelt. Im Coaching kennt man solche Wortungetüme und Tarife nicht. Dennoch – es sagt viel über die Branche aus, wenn nicht wenige Coaches ihre Tagessätze höher darstellen, als sie tatsächlich sind.

Diese Vollmundigkeit korrespondiert mit einem anderen Phänomen: Gerne wird von Business Coaches in nonchalanter Weise ins Gespräch eingeflochten, ausnahmslos Top-Executives, Vorstände und Inhaber als Klienten zu betreuen. Ob dies den Tatsachen entspricht, ist schwer nachprüfbar, denn verständlicherweise werden die Namen der Gecoachten nicht genannt, aus Gründen der Diskretion … Solche Eigenwerbung stellt die Glaubwürdigkeit massiv in Frage und sorgt gelegentlich für Ärger innerhalb der Branche. Uwe Böning etwa bemerkt leicht sarkastisch, viele behaupteten, »sie hätten bereits den Papst gecoacht«.[113] De facto arbeitet eine ganze Reihe von denen, die sich mit Vorliebe als Top-Executive Coaches bezeichnen, lediglich mit Inhabern kleinerer Unternehmen oder mit Führungskräften aus dem mittleren Management.

Unbestritten wächst der Coaching-Markt weiter. Das führt zu einem Anstieg der pro Jahr durchgeführten Coachings und entsprechend zu höheren Umsätzen der Anbieter. So erfreulich das ist: Die durchschnittlichen Einkünfte liegen längst nicht auf einem Niveau, das für die Masse der Dienstleister ein auskömmliches Dasein ermöglicht. So erzielten im Jahr 2008 noch 68 Prozent der Coaches Bruttoumsätze von weniger als 30 000 Euro. Geht man davon aus, dass die Masse von ihnen in der Mitte des Berufslebens steht, wird die Problemlage deutlich. Ein Betriebswirtschaftler, der als Controller in einer Bank arbeitet, oder ein Personaler auf der mittleren Hierarchiestufe verdient im gleichen Alter durchschnittlich mehr als das Doppelte. Ergo: Wer allein auf Coaching setzt, läuft Gefahr, sich auf einem kärglichen Niveau durchbeißen zu müssen. Lediglich den Anbietern multipler Dienstleistungen oder der dünnen Schicht der Coaching-Oberklasse ist ein wirklich respektables Auskommen möglich.

Querelen und Verbände

Nur ganz wenige Coaches haben aufgrund ihrer vielfältigen Pionierleistungen in Praxis und Ausbildung eine Sonderstellung inne. Hier ist an erster Stelle der seit mehr als zweieinhalb Jahrzehnten in Darmstadt tätige Organisationsberater, Personalentwickler, Coach, Supervisor und Trainer Dr. Wolfgang Looss zu nennen – zweifelsohne aber auch Christopher Rauen. Der 42-jährige Rauen arbeitet von Goldenstedt aus, einem Örtchen, das nahe der A1 im Landkreis Vechta liegt, dort also, wo einem Bonmot zufolge bei weitem mehr Schweine als Menschen leben. Coaching in der Provinz? Natürlich gibt es das dort auch, aber hier ist lediglich die Firmenplattform Christopher Rauen GmbH beheimatet, die in ganz Deutschland agiert. Das 25 Mitarbeiter beschäftigende Unternehmen ist überaus breit aufgestellt: Es bietet Dienstleistungen jedweder Art rund um die Aus- und Weiterbildung von Coaches, organisiert Coaching-Kongresse, publiziert Bücher zu Branchenthemen sowie einen Coaching-Newsletter und das vierteljährlich erscheinende *Coaching-Magazin*. Selbstredend ist Rauen Herausgeber dieser in Inhalt und

Gestaltung anspruchsvollen Zeitschrift. Von besonderem Nutzwert ist die Datenbank, in der sich viele Hundert Coaches präsentieren und jeden Monat mehr als ein Dutzend hinzukommt. Kunden, zumeist Firmen, suchen in ihr nach passenden Anbietern für ihre jeweils spezifischen Anforderungen.

Rauen, ein diplomierter Psychologe mit Studienschwerpunkt Arbeits- und Organisationspsychologie, ist bereits seit 1996 als Coach tätig. Sein Spezialgebiet sind Geschäftsführer mittelständischer Unternehmen. Allerdings coacht er nur fünf bis zehn Klienten pro Jahr. Mehr ginge nicht, zum einen weil sich die gemeinsame Arbeit meist über mehr als sechs Monate erstreckt – manchmal können daraus sogar zwei Jahre werden. Rauen möchte für seinen Klienten »Substanz erzeugen«. Das dauere, denn es lohne sich nicht, kurzfristige Impulse zu geben, wie es etwa einige Konkurrenten mittels ihrer Kurzzeit-Coachings tun. Zum anderen tanzt Rauen auf sehr vielen Hochzeiten. Er entwickelt und pflegt Coaching-Portale und -Datenbanken im Internet, bildet aus und leistet Verbandsarbeit.

Der alerte Niedersache möchte in der Bundesrepublik für valide Zertifizierungen und eine stärkere institutionelle Professionalisierung des Coaching sorgen. Infolgedessen verlieh ihm das *Manager Magazin* schon 2002 den Titel »Vorkämpfer der Qualitätssicherung von Coaching-Angeboten«.[114] Eines der von Rauen mit Verve vertretenen Anliegen ist, dass die ernsthaften Coaches ihre Passivität gegenüber einer berufsspezifischen Institutionalisierung überwinden und im Rahmen von Verbänden an Qualitätsdefinitionen für die Coaching-Praxis und -Ausbildung mitwirken.[115] Dem steht allerdings zum einen das Freiheitsstreben des Einzelnen entgegen, zum anderen das ausgeprägte Konkurrenzgebaren der Verbände.

Im Vorstand des Deutschen Bundesverband Coaching (DBVC) präsidiert Rauen als Erster Vorsitzender. Der Name des Verbandes klingt sehr respektheischend, ein Eindruck, der sich relativiert, wenn man sich vor Augen führt, dass er im Ganzen – und trotz kontinuierlicher Zuwächse – im Herbst 2010 bescheidene 156 ordentliche Mitglieder zählte. Im direkten Vergleich haben die Konkurrenzverbände Deutscher Verband für Coaching und Training (dvct), International Coach Federation Deutschland e.V. (ICF) und der Qualitätsring Coaching und Beratung e.V. (QRC) weiterhin die Nase vorn, wenngleich deren Mitgliederzahlen auch nicht gerade berückend sind. Mit Vehemenz streben Rauen und seine Mitstreiter danach, dem DBVC wirkliche Geltung zu verschaffen. Das aber dürfte nach jetzigem Stand der Dinge mehr als eine Lebensaufgabe sein, denn in Deutschland tummeln sich derzeit an die 20 Verbände und Organisationen für Coaches, die allerdings zum Teil von Psychologen, Supervisoren oder Trainern ins Leben gerufen worden sind. Die Coaches stellen hier nur eine unter vielen Mitgliedergruppen.[116]

Thomas Webers, seines Zeichens Chefredakteur des *Coaching Magazins*, spricht von einer »teilweise zänkischen Branche«, die sich bislang nicht einmal bei der Definition, was Coaching eigentlich sei, auf einen gemeinsamen Nenner einigen konnte.[117] Es ist ein verdrießlicher Befund, der mit dem meist so gediegenen, ja bisweilen distinguierten Habitus der Coaches nicht harmoniert. Der Strategie des DBVC wird Respekt gezollt, da er zum einen durch im Vergleich zur Konkurrenz hohe Aufnahmegebühren eine gewisse Exklusivität anstrebt und sich zum anderen durch Themensetzungen, Publikationen, Arbeitskreise und auch die Auslobung des Deutschen Coaching-Preises exponiert. Wer Leuchtturm sein will, der muss Höhe gewinnen sowie an Optik und Strahlkraft arbeiten. Genau das tun die leitenden Kräfte dieses Berufsverbandes, der gegenwärtig das größte Potential aufweist, obwohl die Mitgliederzahl gering ist.

Rauen und die zwei Dutzend Angestellten seiner Unternehmensgruppe beackern jedes nur erdenkliche relevant erscheinende Feld der Coaching-Branche. Infolgedessen ist der begnadete Selbstvermarkter ein junger Star der inhomogenen Szene. Dies ruft zwangsläufig Kritiker auf den Plan. Einige von ihnen ziehen seine Legitimation in Zweifel. So wird ihm gerne von praxiserfahrenen Business Coaches vorgehalten, er schmücke sich mit dem Titel eines Senior Coach des von ihm geführten Verbandes, ohne die explizit geforderten sieben Jahre Berufserfahrung und wirkliche Führungserfahrung aufweisen zu können.[118] Rauen ist direkt aus dem Studium heraus in die Selbständigkeit gegangen und hatte daher, außer für sein eigenes, für kein Unternehmen gearbeitet. Wo also, so eine kritische Stimme, die ungenannt bleiben möchte, sollte Rauen die vom DBVC für Senior Coaches erforderlichen Kooperationserfahrungen im Rahmen von Organisationsentwicklungsprojekten gesammelt haben? Wo hat er integriertes Organisationswissen wie über Entscheidungsabläufe in Unternehmen in der Praxis kennengelernt?

Heerscharen von Coaches haben Rauen genau dieses Wissen voraus, denn in ihrem früheren Leben haben sie als leitende Angestellte in Konzernen, Körperschaften und Institutionen gearbeitet. Dies ist ohne Frage eins der Defizite von Rauen, der, so eine weitere Stimme, den Habitus von Headhuntern zu kopieren scheint, um die Akzeptanz bei seiner Klientel zu sichern. Anerkennung findet Rauen infolge seiner unbestreitbaren Verdienste für die verbandsgestützte Professionalisierung des Coaching, aber seine fachliche Qualifikation wird von manchen als wenig überzeugend eingeschätzt. So kann man hören, Rauen würde gerne eine Aura wie Wolfgang Looss, der über den Dingen stehende Nestor des Coaching in Deutschland, erlangen, aber dazu fehle ihm das Format.

Der derart Gescholtene kann seinerseits austeilen. So stellt er beispielsweise die Effizienz des Coaching von Sabine Asgodom wegen ihrer tempoorientierten Arbeitsmethode in Frage. Könne man mit Ein-Tages-Coachings Substanz erzeugen? Sie sieht die stete Nachfrage und die ihrer Ansicht nach nachweisbaren Erfolge als Beleg dafür an, während die bei ihrer zeitintensiveren Arbeit erst einmal eine Vertrauensbasis aufbauenden Coaches den Kopf schütteln.

Asgodom wundert sich ihrerseits, wie jemand mittelständische Unternehmer wirklich erfolgreich coachen könne, wenn er nie in der Wirtschaft gearbeitet habe. Andersherum ließe sich freilich auch fragen, wieso Rauen von Mittelständlern ein ums andere Mal konsultiert wird? Wegen heißer Luft und seines akkuraten Auftritts wohl kaum.

Unter Journalisten läuft gegenseitiger Schmäh gerne unter der Rubrik »Die lieben Kollegen«. Aber bestimmt ist die Kritik in Teilen berechtigt. Schließlich kann niemand in der Szene ernsthaft für sich reklamieren, unter Garantie erfolgreich zu arbeiten. Wenn aber ein Coach auf der Auftraggeberseite zufriedene Firmen aufweisen kann oder individuelle Klienten, die sich deutlich weiterentwickelt haben, dann ist es unerheblich, ob der Dienstleister über ein Jahrzehnt Berufserfahrung verfügt oder nicht. Das Gleiche gilt für akademische Ausbildungen und Zertifikate. Auch wer keine vorzuweisen hat, kann überzeugend arbeiten. Ist die Resonanz gut und wird der Coach von seinen Kunden weiterempfohlen, dann gehört er zweifelsohne zu den Besseren.

Der monatlich per Mail von Rauen versandte Newsletter berichtet über den aktuellen Stand der Dinge in der Szene. Obenan steht eine Zahl, die aufhorchen lässt: Der Newsletter gehe an 29 542 Empfänger, so die Auskunft für Ende 2010. Natürlich arbeiten nicht alle dieser Abonnenten als Coaches. Ein guter Teil mag aus Ausbildern, Psychologen oder den in größeren Unternehmen tätigen Personalern bestehen. Auch wenn die Empfängerzahl von Monat zu Monat schwankt und schon einmal leicht nach unten gehen kann, ist über die Jahre ablesbar: Das Interesse steigt. Dies bedeutet aber nicht, dass parallel dazu die Macht der Verbände wächst. Die Masse der Coaches kommt eben auch gut ohne eine Mitgliedschaft zurecht. Entsprechend macht unter den zahlreichen deutschen Coaching-Verbänden bislang keiner eine herausragende Figur. Asgodom, seit mehr als anderthalb Jahrzehnten als Trainerin und im Coaching aktiv, gehört wie die Masse der Kollegen keinem der Coaching-Berufsverbände an. Gleichwohl hält sie deren Vielzahl für hinderlich oder gar für schädlich. Die Münchnerin hegt die Idealvorstellung, dass es dereinst einen allgemein akzeptierten, großen Verband gibt, der inhaltliche Qualitätskriterien und – was ihr besonders wichtig und notwendig erscheint – eine Berufsethik definiert. Gleichzeitig weiß sie aber auch, dass diese Hoffnung weitgehend illusionär ist, denn jeder ambitionierte Branchenvertreter koche lieber sein eigenes Süppchen, als integrierend zu wirken, und mache »sein Ding«.

Asgodom erinnert das stark an die Frauenbewegung der Nach-68er-Epoche. Damals habe »jede Gekränkte« einen eigenen Verband ins Leben gerufen, so dass es erst nach Jahrzehnten zu effizienter Arbeit für gemeinsame Ziele kommen konnte. Und heute? Das *Coaching Magazin* berichtet kontinuierlich über die Verbandslandschaft und bestätigt dabei den disparaten Eindruck. Symptomatisch dafür ist folgende Meldung: »Nach den Vorstandsquerelen und -neuwahlen im Herbst 2009 im Qualitätsring Coaching (QRC) ist der Vereinsgründer Dr. Björn Migge zum Jahreswechsel 2009/10 aus dem QRC ausgetreten. Zugleich hat er mit dem Deutschen Fachverband Coaching (DFC) ein neues Netzwerk und eine Interessen-Vereinigung gegründet.«[119] Migge, der in Ostwestfalen eine Coaching-Ausbildung anbietet, hat sich seit Jahren als kompetenter Buchautor und kritischer Beobachter der Verbandspolitik einen Namen gemacht. Beispielsweise bestritt er Mitte 2007 den Führungsanspruch des DBVC, der damals nur an die 75 Mitglieder hatte und ungeachtet dessen postulierte, mit einem Sachverständigenrat für Coaching eine übergeordnete Stellung unter den Verbänden einzunehmen. Zu dem Zeitpunkt sah Migge die deutschen Sektionen von ICF und ECA sowie den dvct »ganz oben auf der Liste«, nicht aber den von Christopher Rauen, Astrid Schreyögg und Wolfgang Looss gepushten DBVC.[120] Die eigene Gründung des Mediziners Migge befasst sich vorrangig mit der Berufsethik im Coaching, was ohne Zweifel begrüßenswert ist – die demonstrative

Distanzierung von wichtigen, eingeführten Verbänden ist dagegen wenig zweckdienlich.

Aller Wahrscheinlichkeit nach gewinnt die Coaching-Branche in Deutschland auch in absehbarer Zeit kein einheitliches organisatorisches Profil. Obwohl es seitens der aktiven Verbände wiederholte Bemühungen gibt, die Kräfte zu bündeln und etwa durch Round-Table-Gespräche oder »Gipfeltreffen« maßgeblicher Vertreter von dvct und DBVC an einem Strang zu ziehen, überwiegen doch die Abgrenzungsgesten. Weiterhin divergieren die Verbandsinteressen, so dass die Etablierung verbindlicher Qualitäts- und Ethikstandards für Coaches behindert sowie ihre Wahrnehmung in der Öffentlichkeit beeinträchtigt wird.

Insider bemängeln seit langem, dass man selbst bei zentralen Fragen keine Einigung erzielen konnte. So sei noch immer nicht klar, ob die Berufsbezeichnung Coach geschützt, die Ausbildung standardisiert und die Zugangsvoraussetzungen zur Ausbildung vereinheitlicht werden sollen. Überdies ist weiter in der Schwebe, ob man wirklich anstrebt, bestimmte Berufsbilder wie Business Coach oder Systemischer Coach genauer zu definieren. Die Diskussion werde – so die Wahrnehmung einiger Berufsgenossen – viel zu oft von einzelnen Personen bestimmt, die ihre persönliche Interessen verfolgen und nur bedingt das Wohl der Klienten im Blick haben.

Dennoch, wer den in Blogs, Newslettern und Fachzeitschriften öffentlich geführten Diskurs betrachtet, kann sich des Eindrucks nicht erwehren, dass Positionskämpfe und Gezänk zur andauernden Begleitmusik der Coaching-Verbände gehören. Anders als auf dem Pavian-Felsen im Kölner Zoo gibt es hier eben kein Alphatier, das sich rabiat und autoritär durchsetzt und die Konkurrenten niederkämpft. Das hat natürlich auch sein Gutes, denn wieso sollte es in einer Branche, die so individuell mit den Menschen arbeitet, nur eine Stimme geben? Sicher wäre es vernünftig, allgemeinverbindliche Standards zu definieren, doch wenn Verbände in einer in die Zehntausende gehenden Anbieterschar lediglich einige Hundert Mitglieder zählen, erscheint ihr Anspruch auf Autorität als Farce.

Analytische Stimmen wie der Soziologe Stefan Kühl und der an der Universität Marburg im Innovationsmanagement forschende Peter-Paul Gross sehen in den zwergenhaften Verbandsbildungen ein Indiz für die bislang mangelhafte Professionalisierung des Coaching. Man mag dem entgegenhalten, dass es sich noch immer um eine junge Branche handelt, deren Struktur sich erst langsam herausbilden müsse. Doch im Ausland, etwa in Frankreich oder Skandinavien, sieht es bei ähnlichem Alter deutlich anders aus. Dort haben sich ein oder zwei Berufsverbände und entsprechend einheitliche Zertifizierungsstandards durchgesetzt. In Deutschland dagegen beginnt die Phase der Konsolidierung erst.[121] Zwingend notwendig ist dieser deutsche Sonderweg nicht.

Vielleicht hilft hier der Vergleich mit einer anderen Berufsgruppe: Mit dem Titel »Coach« kann sich jeder schmücken, da die Berufsbezeichnung in keiner Weise geschützt ist. Genauso ist es bei der schreibenden Zunft: Jeder dahergelaufene Autor kann sich »Journalist« nennen, auch wenn er nicht wirklich von seiner Arbeit für die Medien lebt. Doch gibt es hier einen Riegel gegen Missbrauch: Der traditionsreiche Deutsche Journalistenverband DJV hat 39 000 Mitglieder, die hauptberuflich in den Medien arbeiten. Nur solche Journalisten erhalten einen einheitlichen, von sechs Medienverbänden gemeinschaftlich nach strikten Kriterien vergebenen Presseausweis. Das Dokument kommt einem von Behörden und Polizei akzeptierten Türöffner und professionellen Gütesiegel gleich. Es ist aber auch mit lukrativen Privilegien verbunden, wie beispielsweise mit der vergünstigten Buchung von Flugtickets. Wäre das Journalistenmodell für die Coaching-Branche attraktiv? Nein, da winken nicht wenige Beteiligte ab. Der DJV versteht sich gleichermaßen als Berufsverband und Gewerkschaft der Journalisten. In diese Richtung wollen die vorwiegend selbständigen Coaches verständlicherweise nicht ziehen – Professionalisierung hin, Standards her.

Wer zu den Etablierten gehört, benötigt ohnehin weder eine Verbandsmitgliedschaft noch Zertifizierungen, Konferenzteilnahmen oder Beiträge in Fachzeitschriften. Man kann sehr gut ohne all das auskommen, was in mühevoller Arbeit von den Verbandsstrategen aufgebaut wurde. Diese ärgert freilich die Zurückhaltung ihrer Kollegen, die sie als schädliche Ignoranz empfinden. Unter dem Strich ist die Coaching-Branche also gespalten: Auf der einen Seite stehen die Selbstgewissen, die dank ihrer langjährig gewachsenen Reputation wirtschaftlich erfolgreich sind und sich nicht vereinnahmen lassen wollen. Sie üben Distanz zu den Verbänden und arbeiten entweder ganz für sich oder aber vernetzt mit locker assoziierten Kollegen. Auf der anderen finden sich sowohl missionierende Verbandsbefürworter, die als überzeugte Netzwerker oder Routiniers eine Professionsbildung in dem von ihnen favorisierten Sinne vorantreiben wollen, als auch die Novizen, die sich durch die fachlich-professionelle Integration ein Plus an Seriosität, Kundenkontakten und letztlich Geschäft versprechen.

Kritisches und Kritik

Business Coaches postulieren ihren Klienten gegenüber ein »anything goes«, denn schließlich will und soll sich der Einzelne andauernd weiterentwickeln und optimieren. Wer eingesteht, unvollkommen zu sein und in der Folge den Druck aufs Gaspedal reduziert, sich entschleunigt und auf einmal ganz andere Dinge wahrnimmt als zuvor, der entkoppelt sich von der Endlosschleife der Perfektionierung, die heute von allzu vielen als ein Dogma begriffen wird. Das Selbst wird einer modernen Form des Schneller-höher-weiter-Glaubens unterstellt: Erfolg wird daran ablesbar, dass man ein High-Performer im Job ist; dass man bereits mit Ende 30 ein Vermögen erwirbt, für das die Eltern fast ihr ganzes Arbeitsleben brauchten; dass der Nachwuchs in jeder erdenklichen Weise und ab dem frühestmöglichen Zeitpunkt gefördert wird; dass man den Urlaub phantasievoll und teuer verbringt und so fort. Daher wird der Drang nach Optimierung geradezu hemmungslos ausgelebt und Individualisierung im Wesentlichen als Leistungssteigerung und Show-off in einer renditegesteuerten Kultur erfahren.

Die für ein Züricher Blatt schreibende Journalistin Birgit Schmid veröffentlichte im Sommer 2010 einen Artikel, der das auch bei den Eidgenossen florierende Coaching genauer unter die Lupe nahm. Schmid beurteilte darin das »Optimismusgeschäft« distanziert bis überaus kritisch, etwa indem sie sagte: »Coaching entmündigt, da es jeden zu einem bedürftigen Wesen macht.« Wenn man sich stets verbessern könne, würde dies dazu führen, dass niemand mehr stagnieren dürfe oder das Recht habe, »antriebslos und schlecht gelaunt zu sein«.[122] Die Verlockung, sich durch Coaching hochzupushen, würde langfristig bloß zu einem Gefühl der permanenten Überforderung führen – denn nie ist man so erfolgreich, wie man sein könnte.

Mit dem Coaching verhielte es sich damit ähnlich wie mit der Ideologie des »Positive Thinking«: Eine »gecoachte Gesellschaft« sei nicht glücklicher oder gar von ihren Malaisen geheilt, sondern erzeuge mit ihrem Machbarkeitsglauben ein permanent schlechtes Gewissen. Ist »Coach« daher wirklich ein Unwort unserer Zeit, wie die Schweizerin urteilte? Sind die Klienten in eine selbstverschuldete Unmündigkeit geraten, da sie sich nicht mehr imstande sehen, ohne professionelle Hilfe durch den Alltag zu navigieren? Suchen sie wirklich Entlastung in der Form, dass sie Verantwortung delegieren? Schmid fand einen nicht unzutreffenden Vergleich, indem sie daran erinnerte, wie sehr die Autofahrer mittlerweile auf GPS vertrauen, wenn sie von A nach B gelangen wollen. Irgendwann gewöhne man sich derart an Coaching, dass man glaube, nicht mehr ohne auskommen zu können. Dabei, so die Warnung der Autorin, gebe es Bereiche, in denen weder die Stimme des GPS noch die des Coaches weiterhelfe. Dem in dieser Kritik enthaltenen Appell nach selbstbewusster, auf eigenem Gefühl und Verstand beruhender Orientierung würde sicher niemand widersprechen, am wenigsten die Coaches selber. Kein Coach würde behaupten, seine Klienten entmündigen oder ihnen die Verantwortung für eigene Entscheidungen abnehmen zu wollen. Sie sehen in ihrem professionellen Angebot auch keinen Auswuchs einer wahnhaften Selbstverbesserungsideologie, sondern ein Instrumentarium, das mittels fundierter Methoden Impulse zu substantiellen Änderungen und erwünschten Ergebnissen führt.

Was kann Coaching wirklich leisten? Wie effizient kann ein Coach arbeiten? Schafft er Substanz, mittels derer der Klient vorankommt, oder richtet er Schaden an? Als gefährlich gelten Coaches, die hinsichtlich ihrer Fähigkeiten zur Selbstüberschätzung neigen oder sich dazu verleiten lassen, mehr anzustreben, als ihre Methodik hergibt. Business Coaches erleben immer wieder, dass Firmenkunden nicht nur ihrem talentierten Führungsnachwuchs oder den erfahrenen High Potentials ein Coaching bezahlen, sondern auch solchen leitenden Mitarbeitern, die kurz vor dem Burnout stehen, ja sogar solchen, die unübersehbar Borderline-Störungen aufweisen. Der damit konfrontierte Coach ist in der Regel schnell in der Lage zu erkennen, dass sein zu Aggressionen und cholerischen Ausbrüchen oder aber zu Apathie und mentaler Erschöpfung neigender Klient etwas anderes nötig hat als ein Coaching. Der Firmenkunde mag dringenden Veränderungsbedarf bezüglich des Mitarbeiters sehen, aber nicht den Mut haben, demjenigen ins Gesicht zu sagen, dass man ihn für überfordert, fehlplatziert oder therapiebedürftig hält. Coaching wird dabei als eleganter Umweg genutzt, denn insgeheim besteht die Hoffnung, der Coach werde dem Klienten schon erklären, dass er nicht gesund sei und weitaus mehr als ein paar Gesprächssitzungen unter vier Augen und einen Katalog an »Hausaufgaben« nötig habe, um tatsächlich auf den Beinen zu bleiben.

Nicht selten delegieren Vorgesetzte die Aussprache an einen Externen. Mancher Coach fühlt sich dabei von seinen Firmenkunden regelrecht missbraucht, denn schließlich ist es die Aufgabe des Vorgesetzten, die Situation und die möglichen Konsequenzen offen und eindeutig zu benennen. Coaches, die diesen Job übernehmen, weil sie ihrem zahlenden Auftraggeber verpflichtet sind, tun sich keinen Gefallen. Vielmehr degradieren sie sich selbst zu Handlangern. Das Gleiche gilt, wenn sich ein Coach im Einzel- oder Team-Coaching wie ein von der Kette gelassener scharfer Hund gebärdet. Er mag damit einen vom Auftraggeber angeordneten Zweck erfüllen, doch das Ethos seines Berufsstandes hat er in diesem Fall für ein paar Tausender verkauft.[123] Vielleicht aber ist ihm das egal, entweder weil er ohnehin autoritär veranlagt ist oder weil er sich mittels dieser Anbiederung für weitere radikale Aufträge zu empfehlen sucht.

Dieses durchaus nicht weither geholte Szenario zeigt, dass Coaching keineswegs die Wendung zum Guten garantiert. Vielmehr können hierbei Konflikte auf einer anderen Ebene ausgetragen oder gar zur Eskalation gebracht werden. Wer bei der Arbeit als Coach solche Diskrepanzen erlebt, sollte von sich aus oder infolge von regelmäßiger, schonungsloser Supervision in der Lage sein, den eigenen Standpunkt kompromisslos zu vertreten, auch wenn ihn das den einen oder anderen Auftrag kosten mag. Die Realität sieht indes anders aus, wohl auch, weil einige Coaches ihre Rolle genießen und ihre Kompetenz überschätzen.

Therapeutisch mit chronischen Stresssymptomen befasste Psychologen kritisieren, dass Coaches immer wieder allen Ernstes vorgeben, einen Burnout behandeln zu können. Darin sehen die Therapeuten nichts anderes als Anmaßung und Pfuscherei. Ob ein Klient durch Coaching vor einem Burnout bewahrt werden kann, ist ein Vabanque-Spiel. Dessen Ergebnis hängt von sehr individuellen Faktoren ab, wie der mentale und physische Zusammenbruch eben auch. Der Coach kann lediglich eine Hilfestellung anbieten, aber er ist kein Wunderheiler. Seine Einflussmöglichkeiten auf Personen und Organisationsstrukturen sind begrenzt, oder – etwa bei Sucht und Abhängigkeit – gleich null. Wer anderes behauptet und von garantiertem Erfolg seiner Arbeit spricht, betreibt nichts anderes als Schaumschlägerei.

Change Management, Organisationsberatung, Prozessoptimierung, Teamtraining und Coaching können erstaunlich viel bewirken, doch je größer die Organisation oder je dicker das zu bohrende Brett, desto geringer sind die Chancen auf messbare Resultate. 2010 wurde das Beispiel von Hugo Boss in Metzingen bekannt, wo der Coach Michael Gross mit einem ganzen Team das Zusammengehörigkeitsgefühl der obersten drei Führungsebenen steigern sollte. Geholfen hat der Einsatz des ehemaligen deutschen Weltklasseschwimmers offenkundig nichts, denn der herrische Vorstandschef Claus-Dietrich Lahrs regiert – dem *Manager Magazin* zufolge – weiter nach Gutdünken, schasst selbstbewusste Führungskräfte und führt die Belegschaft in eine Zone der Orientierungslosigkeit.[124] Wenn man den Blick zurückwendet zu einem der amerikanischen Gründerväter des Coaching, sieht es ähnlich aus: Timothy Gallwey, der Erfinder der Inner-Game-Methode, hatte schließlich auch kein Mittel gefunden, den Niedergang von IBM in den achtziger Jahren zu bremsen, obwohl er die gesamte Führungsetage des IT-Konzerns coachte. Im Großen wie im Kleinen gilt, dass ein Coach nicht zum Architekten, Mastermind oder gar Revolutionär taugt. Er wirkt lediglich daran mit, Nuancen des menschlichen Verhaltens zu verändern. Das kann schon sehr viel sein, es wird aber keinen Tanker zur Kursänderung bringen.

Das Delegieren von Verantwortung aus Furcht vor eigenen Entscheidungen ist heutzutage im Management erstaunlich weit verbreitet. Womöglich hat dies in der Praxis der neunziger Jahre seinen Ursprung, als es in einem immer stärkeren Maße üblich wurde, externe Unternehmensberater hinzuziehen. Wenn die Leute von McKinsey oder PricewaterhouseCoopers es empfahlen, dann konnte es ja nicht falsch sein … Auf mancher Führungsebene wurden die eloquenten Berater geradezu unentbehrlich, und man vertraute ihrer Kompetenz mehr als den hauseigenen Kräften. Diese Neigung hat sich mittlerweile auch auf das Coaching ausgedehnt. Mitunter kommt es dazu, dass der Coach »zur grauen Eminenz, zum Einflüsterer mit guruartiger Kontrolle« wird, »der selbst der Nähe zur Macht erliegt«.[125]

Konkret hat Hans Rudolf Jost den Eindruck gewonnen, dass Coaches beispielsweise in einigen Banken zu einer Art »okkulter Parallelorganisation« mutierten. Einen exemplarischen Beleg dafür sieht der Schweizer in einer Situation, der er persönlich beiwohnte: Als es darum ging, eine wichtige strategische Entscheidung zu treffen, fragte ein Manager den anderen: »Ist das denn abgestimmt mit deinem Coach?« – Wenn jedes größere Projekt mit dem Coach des Chefs reflektiert und erst danach die Diskussion auf der Managementebene gesucht werde, liegt darin in Josts Augen eine geradezu irrwitzige Verlagerung von Verantwortung.

Offenkundig werden viele Entscheidungen nicht mehr in den dafür vorgesehenen Strukturen getroffen. Wer hat den Hut auf? – Etwa der Coach? Das gehört zuallerletzt zu seinen Aufgaben, doch die narzisstischen Persönlichkeiten unter ihnen nehmen eine derartige Rolle gerne an. Von solch bedenklichen Situationen hat Jost noch weitere erlebt. Er weiß sogar von Coaches, die über Dossiers herumpendeln, einen Punkt auswählen und ihn als denjenigen empfehlen, der ein geschäftliches Engagement lohne. Der Coach als Magier? Auch das gibt es in der einsamen Welt der Entscheidungsträger, die gerne ein unabhängiges Votum einholen, bevor sie an die Öffentlichkeit treten. Wenn die Arbeit *mit* den Menschen für den Coach zu Macht *über* Menschen führt, dann wäre dies wie Segeln unter falscher Flagge und letztlich ein Missbrauch von Vertrauen. Leider kommt genau das in der ausgeuferten Szene der Optimierungshelfer gelegentlich vor.

Äußert Jost in seiner Funktion als Experte für Change Management und Coaching die Auffassung, ein Unternehmen erscheine ihm »overconsulted und underexecuted«, also übermäßig beraten und mangelhaft geführt, dann gehen bei seinen Gesprächspartnern die Augenbrauen hoch. Ob derartige Kritik angenommen oder ignoriert wird, ist von der hauseigenen Fehlertoleranz und Unternehmenskultur abhängig. Daneben stört sich Jost daran, dass auf der Chefetage für Berater und Coaches zum Teil sehr hohe Summen investiert werden, während für die darunter liegenden Führungsebenen nur wenig oder manchmal sogar überhaupt nichts zur Verfügung steht. Solche Diskrepanzen sind ein Ärgernis, denn sie lassen Potentiale und Ressourcen ungenutzt und haben in der Regel im Statusdenken und Dünkel der Chefs ihren Grund. Der Fisch stinkt eben meistens vom Kopfe her.

...

Oftmals ist es nicht der direkte Adressat der Psycho-Techniken, sondern das persönliche Umfeld, das die Folgewirkungen eigenartiger Beratungen zu ertragen hat. So bekommt der EKD-Psychologe Michael Utsch immer wieder Anfragen von verunsicherten Angehörigen, die ihm mitteilen, ihr Partner habe sich nach einem Training oder Coaching erschreckend verändert. Utsch soll in diesen Fällen eine Einschätzung zur weltanschaulichen Einordnung des Coaches und seiner Methoden abgeben. Es muss aber längst nicht das System einer Sekte sein, das zu anhaltenden Persönlichkeitsveränderungen und Irritationen führt. Auch wenn Selbsterfahrungs- und Motivationsprogramme angewandt werden, kann es zu ernsten Problemen kommen. Dafür ist das sogenannte Block-Training ein Beispiel. In diesen mehrtägigen, kostspieligen Seminaren zur Persönlichkeitsentwicklung werden gelinde gesagt überaus spezielle, teils brachiale Methoden praktiziert. So wird dort ein autoritärer Stil gepflegt, der die Teilnehmer einem enormen psychischen Druck aussetzt.

Die Psychologin Bärbel Schwertfeger, die bereits 1999 ein Buch über den aus ihrer Sicht unheilvollen Einfluss von Persönlichkeitstrainern in Unternehmen veröffentlichte, erkannte in dem laut Veranstalter gesundheitsfördernden Block-Training einen rigiden Psychodrill.[126] Ihrer Kenntnis nach seien die Teilnehmer an einen entlegenen Ort gebracht worden und hätten ihre persönlichen Sachen und Handys abgeben müssen. Bei karger Verpflegung habe man überdies Schlafentzug und Kommunikationsverbote verhängt. Uwe Böning, einer der großen Namen im Coaching in Deutschland, absolvierte selbst eines der Trainings und empfand es wie ein »Umerziehungslager«.

Anderen kam es wie eine Mixtur aus »Militär, Scientology und Kloster« vor.[127]

Solche Zwischenrufe tun aber der Attraktivität des Angebots offenbar keinen Abbruch. Nach Darstellung des Anbieters von Block-Training – der sich seit 2002 in aufwertender Form »Hohenbrunner Akademie« nennt – haben schon mehr als 12 000 Teilnehmer die auf Entwicklung und Stärkung des Selbstwertgefühls abzielenden Seminare absolviert.[128] Da sie so nachhaltig wirksam und Erfolg versprechend seien, werden die Teilnehmer mit einer Art Schweigeverpflichtung in Bezug auf die vermittelten Inhalte nach Hause geschickt. Eigenartigerweise führen diese verordnete Geheimniskrämerei und der raue Ton nicht zur Abkehr vom Block-Training. Offenbar sehnen sich nicht wenige danach, auch einmal richtig bis zur Erschöpfung geschliffen und angeherrscht zu werden wie von einem Drill-Sergeant in Westpoint.

Block-Training ist kein Coaching, aber eine ganze Reihe der dort arbeitenden Trainer verfügt unter anderem über eine langjährige Berufserfahrung als Coach. Auf der Homepage der Hohenbrunner Akademie werden eben diese Qualifikationen aufgeführt, um die Breite des Arbeitsspektrums aufzuzeigen. Überdies erklären die Mitarbeiter ihre Ziele und ihr Berufsethos und distanzieren sich unmissverständlich von jeglichen Sekten und den Scientology-Methoden nach Ron L. Hubbard. Angesichts der in Medien und Expertenkreisen geäußerten Kritik an den Seminaren ist dies wohl auch nötig. Der Akzeptanz beim Kunden schadet es sicher nicht – es stellt sich allerdings die Frage, ob diejenigen, die als Block-Trainer arbeiten, auch für Coaching geeignet sind.

Können sie den autoritären Dozenten in sich abschalten und wieder in einen Modus wechseln, in dem sie sich zurücknehmen und dem Klienten behutsam wie beharrlich Fragen stellen? Das ist schwer vorstellbar. Schließlich geht es darum, authentisch zu sein und nicht nur eine Rolle zu spielen. Dies lässt sich generalisieren: Der methodische Spagat, in den sich eine ganze Reihe von Coaching-Dienstleistern begibt, wenn auch Trainings, Organisationsentwicklung und etwa Change Management offeriert werden, überdehnt ihre professionellen Kompetenzen auf mindestens einem Gebiet – zum Schaden des Klienten und der Branche.

•••

Nur wer sich ändert, bleibt sich treu, heißt es. Das beinhaltet in Bezug auf die persönliche Optimierung durch Coaching, sei es im Berufs- oder Privatleben, nicht nur Gutes. In einer Gesellschaft, in der die permanente Weiterentwicklung nicht nur begrüßt, sondern zur Pflicht erhoben worden ist, können bedenkliche Sogwirkungen entstehen. Top-Executive Coach Dorothee Echter etwa beobachtete das Phänomen, dass bei Perfektionisten, die überhöhte Leistungsansprüche an sich stellen, die Leistung sinkt.[129] Wenn die Nutzung von Chancen zur Pflicht wird und nach einem kostspieligen Coaching die Forderung im Raume steht, endlich besser zu »performen«, dann entsteht für den Klienten neuer Stress. Der solcherart aufgebaute Druck stellt im gewissen Sinne einen Missbrauch des Coaching dar, das ja darauf abzielt, für den Klienten erst einmal einen Schonraum des Zwiegesprächs zu eröffnen. Wer etwas Bestimmtes erreichen will und dafür sowohl Geld als auch Zeit aufwendet, der hat auch einen Anspruch auf Resultate. Doch diese lassen sich nicht ad hoc einfordern: Es braucht Zeit und Ausdauer, um tief sitzende Muster zu modifizieren, ob mit oder ohne Coach. Jemand, der mit überhöhten Erwartungen in einem Coaching an sich selbst arbeitet oder arbeiten lässt, kann sich derart überfordern, dass der ursprünglich positive Wille zur Optimierung im frustrierenden Gefühl des Scheiterns endet. Ein Coaching ist eben keine schnell gemachte Schönheits-OP, sondern meist ein längerfristiger Arbeitsprozess.

Durch Coaching können unerwartete Potentiale freigesetzt oder ganz neue Ziele erreicht werden. Gleichwohl richten sich Tempo und Marschrichtung immer nach den persönlichen Prädispositionen. Wer sekundiert von einem Coach oder aufgepeitscht von einem Motivationstrainer im Sturmschritt davonzieht, läuft Gefahr, sein Gesicht zu verlieren. Und wenn die Klienten derart blauäugig das Gespräch suchen, liegt es in der Verantwortung des Coaches, das rechte Maß vorzugeben – auch und besonders bei schwierigen Charakteren.

Ein Coach, der es schafft, einem ausnehmend störrischen Klienten mittels hartnäckiger Fragetechnik das Problembewusstsein zu schärfen, kann sich dies als besonderen Erfolg anrechnen. Das ist aber mitunter trotz beharrlicher Arbeit nicht möglich. Volker von Courbière machte solch eine negative Erfahrung mit einer Führungskraft Mitte 40: männlich, vom Typ her hyperaktiv, »wie ein Flummi« umherspringend, angeschlagene Gesundheit. Obwohl die Chemie zwischen den Dialogpartnern stimmte und sich das erforderliche Vertrauensverhältnis etablierte, wollte dieser Klient nicht wirklich an sich arbeiten. Daraufhin musste der Prozess abgebrochen werden. Es ärgert von Courbière noch heute, dass ihm dieser Klient »entwischte«. Wenn bereits der Einstieg nicht klappt, dann ist ein anderer Coach zu suchen. Von Courbière empfiehlt in solch einem Fall einen Kollegen aus seinem Team.

Alfons Rissberger, der an die 20 Einzel-Coachings im Jahr durchführt, vermeidet es dagegen zu delegieren. Seiner Einschätzung nach führe das nicht zu einem besseren Resultat. Der gebürtige Wormser geht mit Coaches kritisch ins Gericht, die aufgrund ökonomischer Zwänge und entsprechend starkem Interesse an Folgegeschäften wachsweich mit Klienten umgehen. Oft habe man es mit hochemotionalen, problembeladenen Persönlichkeiten zu tun, die eigentlich eine viel offensivere Ansprache nötig hätten. Manche von ihnen ließen nichts an sich heran und blockten geradezu ab. Wenn sich der Klient verweigert, sei es Rissberger zufolge unbedingt geboten, das Coaching abzubrechen. Nur um des lieben Geldes willen und ohne Erfolgsaussicht die Arbeit fortzusetzen, sei gegen jegliche Moral und schlicht unprofessionell.

Kontrovers diskutiert wird zwischen Coaches, wie lange ein Coaching im Schnitt dauern solle. Beim Thema Kurzzeit-Coaching scheiden sich die Geister. Die einen stellen in Frage, dass innerhalb weniger Stunden etwas bewirkt werden kann. Die anderen dagegen sind überzeugt davon, bei der Vorbereitung für eine Bewerbung, bei der Karriereberatung oder bei der Entscheidungsfindung wichtige Impulse geben zu können.[130]

Wenn ein Unternehmen einen externen Coach beauftragt, wird in der Regel schon über das Budget festgelegt, wie lange ein Einzel-Coaching zu laufen hat. Sofern Coaches das Verfahren erkennbar auf Kosten des Unternehmens in die Länge ziehen, laufen sie Gefahr, das nächste Mal nicht mehr berücksichtigt zu werden. In den Chefetagen kann es freilich diesbezüglich eine ganz andere Toleranz geben. Oftmals entsteht dort eine fortdauernde Beziehung zwischen Manager und Coach. Gelegentlich behaupten Coaches, diese Dauerbeziehung zum Klienten gehöre nicht zum Arbeitsstil der Branche, denn das sei typisch für die Therapie. Bekanntlich lautet beim Psychiater die Antwort auf die Patientenfrage »Was soll ich jetzt nur tun?« üblicherweise: »Sie sollten auf jeden Fall wiederkommen.«

Also, wie viel Zeit darf ein Coaching beanspruchen? Asma Semler sagt, fünf bis zehn Sitzungen seien »normativ gesetzt«.[131] Doch was darüber hinausgehe, könne durchaus im Sinne des Klienten sein, denn er entwickle sich und sein Anliegen weiter. Ein Beispiel: Die von Hamburg aus arbeitende Psychologin begann 2005 ein klassisches Persönlichkeits-Coaching, wobei es anfangs um »Erkenne dich selbst«-Themen ging. Der Klient hatte das Gefühl, dass sich bei ihm wesentliche Verbesserungen einstellten, worauf er die Beratung fortsetzte und sich gemeinsam mit dem Coach neue Themenfelder erschloss. Daraus sind schon fünf Jahre gemeinsamer Arbeit geworden. Warum sollte der Coach dies beenden? Wenn der selbst zahlende Klient es will, gegenseitiges Vertrauen besteht und messbare Erfolge eintreten, kann der Arbeitsprozess über Jahre laufen. Semler bezeichnet die Rolle des Coaches auch als Wegbegleiter, der nicht nur kurz- und mittelfristig, sondern sogar à la longue für seinen Klienten da sein sollte, wenn dies gewünscht wird.

Trotz dieser begründeten Position bleibt das Bild durchaus zwiespältig. Jahrelange Auftragsverhältnisse zwischen Coach und Klient können sinnvoll sein, es gibt aber auch Fälle, die mit Geldschneiderei und einer mentalen Abhängigkeit einhergehen. Man darf nicht übersehen, dass die »gekaufte Freundschaft« Coaching von einer charakteristischen Ambivalenz ist. Die helfende Hand ist nützlich und ihr Geld wert, die Dauerbeziehung aber nur in Ausnahmefällen. Wer meint, ohne »seinen« Coach nicht mehr auskommen zu können, ist im schlimmsten Fall reif für den Therapeuten.

Grenzüberschreitungen

Ein Bonmot aus der stadtneurotischen Welt der Psychotherapie in den USA besagt, dass jemand, der kein sexuelles Verhältnis mit seiner Therapeutin oder seinem Therapeuten eingehen möchte, wirklich gestört ist. Und letztlich kommen solche erotischen Beziehungen nicht allein in Kinofilmen vor, sondern auch in der Realität. Dies ist im Coaching ein absolutes Tabu. Professionelle Coaches ziehen Grenzen, die nicht überschritten werden dürfen. Falls ein Coach mit einem Klienten ein Verhältnis oder eine Beziehung anfangen sollte, dann ist das in professioneller Hinsicht zuallererst sein Fehler. Wenn es dazu kommt, liegt möglicherweise nicht nur eine auf gegenseitigem Flirt beruhende gleichberechtigte Entscheidung zugrunde, sondern sogar die missbräuchliche Ausnutzung der Coaching-Situation. Nicht umsonst erinnern die verschiedenen Ehrenkodices der Coaching-Verbände an das Gebot von Achtung und Distanz gegenüber dem Klienten.

Immer wieder wird bekannt, dass Mediziner, Therapeuten oder andere Personengruppen, denen ein besonderes Vertrauen entgegengebracht wird, die sich ihnen bei der Ausübung ihres Berufes bietenden Möglichkeiten ausnutzen. Warum sollte dies bei Coaches anders sein? Damit wird kein Generalverdacht ausgesprochen, sondern lediglich festgestellt, dass über das Coaching eine Nähe entsteht, die missbräuchlichen Eingriffen Tür und Tor öffnet. Wer seriös und verantwortungsvoll arbeitet, kennt und berücksichtigt die Grenzen und Tabus. Das trifft auf fast alle Coaches zu, aber eben nur fast ...

Ein Fall von Grenzüberschreitungen verschiedenster Art ist aus dem Westen Deutschlands bekannt geworden. Bereits vor einem Jahrzehnt wurde seitens eines kirchlichen Referats für Sekten- und Weltanschauungsfragen vor einem Coach »der sich wissenschaftlich gebenden Psychoszene« gewarnt.[132] Warum? Er bringe Klienten in seelische Abhängigkeit und habe sogar die Neigung, Frauen mit Fragen über ihr Intimleben zu überfallen, obwohl sie eigentlich wegen beruflicher Themen zu ihm kamen. Der Betreffende hat einen Namen, doch aufgrund seines Hangs zu juristischen Schritten scheint es nicht angeraten, ihn hier zu publizieren.

Hier soll er mit dem fiktiven Namen Ralf N. Pritt benannt werden. In einem Wirtschaftsblatt berichtete vor Jahren ein Autor über Ärgernisse bei der Abrechnung von Leistungen durch Pritt. So bekamen einige seiner Klienten Rechnungen für Zusammenkünfte, die nach deren Einschätzung kostenfreie Vorgespräche gewesen waren. Dies scheint bei Pritt Methode zu sein, denn nach den Erkenntnissen aufseiten kirchlicher Beratungsstellen wurden vielen Klienten Beratungsverträge zur Unterschrift vorgelegt, die nicht nur das anstehende Coaching, sondern sogar die bereits erfolgten Erstgespräche als kostenpflichtig auswiesen, obwohl eingangs nie die Rede davon gewesen war. Coaches, die bei Pritt Fortbildungen absolvierten, wissen davon zu berichten, dass er auch eher informell-freundschaftliche Hintergrundgespräche oder Telefonate in Rechnung stellte. Mit Fug und Recht konnte man also wie der Wirtschaftsjournalist von einem gewöhnungsbedürftigen Geschäftsgebaren sprechen. Da das Sündenregister dieses Coaches von beträchtlicher Länge ist und sein Fall ein übles Schlaglicht auf die Untiefen der Branche wirft, wird es hier ausführlicher skizziert. Als Grundlage dafür dienen Informationen aus Betroffenenkreisen, die seit über einem Jahrzehnt von kirchlichen Experten gesammelt werden.

In der ersten Hälfte der neunziger Jahre trat Pritt mit der Chiffre »Coaching, Consulting, Visionsmanagement« auf und gab schon damals an, über eine immense Palette an methodischen Fähigkeiten und Qualifikationen zu verfügen. Sie reicht von Systemischer Familienberatung über Suchtberatung, Selbsthypnose, Reiki und Hypnotherapie bis zu Seminaren über Liebe und Partnerschaft. Nach diesen Angaben wäre Pritt eine Koryphäe, ausgestattet mit dem überschäumenden Selbstbewusstsein eines »allzuständigen Helfers«, wie es der Verhaltenswissenschaftler Hansjörg Hemminger bezeichnet.

Mittels aggressiv-suggestiver Wortwahl warb Pritt um Kundschaft, nicht nur im Internet, sondern auch mittels Werbezetteln und durch die direkte Ansprache im Bekanntenkreis oder auf Partys. Bei mancher dieser Gelegenheiten war er schnell mit der Diagnose zur Hand, dass akuter Beratungsbedarf vorlag. Nicht wenige, die in depressiver oder krisenhafter Stimmung von Pritts Verheißungen hörten, hofften, durch ihn ihre ernsten Probleme in den Griff bekommen zu können. Obwohl Pritt die Ausbildung zum Psychotherapeuten fehlt, arbeitete er mit Hilfesuchenden, die an schwerwiegenden sozialen und psychischen Krisen mit Krankheitscharakter leiden. Dabei setzte er quasi-therapeutische Prozesse in Gang. Mehrfach führte diese Behandlung dazu, dass Klienten den Kontakt zu ihrem bisherigen sozialen Umfeld radikal abbrachen sowie zu extremen Neuorientierungen in Beruf und Privatleben neigten. Leidtragende Angehörige – oder gelegentlich auch die Betroffenen selbst – wandten sich mit der Bitte um Unterstützung an das kirchliche Weltanschauungsreferat.

Vielfältige Belege zeigen, dass die Versprechungen Pritts bezüglich der persönlichkeitsentwickelnden Effekte seiner Coachings und Behandlungen in utopischer Weise überzogen sind. So hieß es, seine Klienten könnten sich Freiräume und sogar eine »neue Realität« erschaffen, wenn sie mittels »Intensiv-Coaching« die Ketten alter, innerer Abhängigkeiten sprengen würden. Aus fachpsychologischer Sicht ist das Unsinn, denn die Prägung des Einzelnen durch seine Vergangenheit lässt sich nicht abschütteln.[133] Dennoch trugen diese Versprechungen dazu bei, dass sich Klienten in unkritischer Weise an ihren Coach banden. So wurden Realitätsverlust und seelische Abhängigkeitsverhältnisse begünstigt. Ausschlaggebend war seine Vorspiegelung umfassender Kompetenz als Psychotherapeut, Business Coach und Problemlöser für alle Lebensbereiche. Seitens der kirchlichen Beratungsstelle wurde Dr. Hansjörg Hemminger mit der Begutachtung dieser Praxis betraut. Der Verhaltenswissenschaftler kam zu folgendem Schluss: »Einer solchen grandiosen Selbstdefinition gegenüber kann es normale, symmetrische Beziehungen und eine normale soziale Distanz nicht geben. Sie erzwingt die Wahl zwischen intimer Nähe oder starker Abgrenzung. Entweder man ordnet sich der angemaßten Meisterschaft in allen Lebensbereichen unter oder man lehnt sie strikt ab. Misslingt die Abgrenzung, ist eine enge Bindung die fast unausweichliche Folge.« Gerade psychisch überlasteten Personen, deren Fähigkeit zur Selbststeuerung angeschlagen ist, fällt diese Abgrenzung schwer. Die von Pritt applizierten Methoden verwandelten sich in etwas, das mit Coaching oder Wegbegleitung rein gar nichts zu tun hatte.

Als es zu einem Erstgespräch mit einem Klienten kam, der sich in einer persönlichen Krisensituation befand, gelang es Pritt sehr schnell, eine große Nähe herzustellen. Von Beginn an schuf er dabei eine enge Verbindung von Lebensberatung im Bereich Ehe und Sexualität sowie Geschäftsberatung. Damit verschaffte er sich eine umfassende Autorität. Nach Ansicht Hemmingers hatte dies allein vom Ablauf her mit einer seriösen, fachlichen Beratung nichts zu tun. Undenkbar sei etwa für professionell arbeitende Coaches, den Klienten mehrmals täglich ohne Vereinbarung zu kontaktieren. Genau das aber machte Pritt, wobei er sich nicht mehr als Coach, sondern als »Freund« gerierte. Überdies versuchte er hartnäckig, Angehörige des Klienten zu Gesprächssitzungen mit ihm zu bewegen, was innerhalb der Familie für erhebliche Spannungen sorgte. Auch sind Fälle dokumentiert, wo Pritt in die Geschäftsleitung von Firmen seiner Klienten hineinwirken und eine Kooperation auf geschäftlicher Ebene entwickeln wollte. Zu guter Letzt vermochte es Pritt sogar, ein intimes Verhältnis mit einer Klientin einzugehen. Im Nachhinein sieht die Frau es als missbräuchliche Ausnutzung der Nähe im Coaching-Dialog an.

Übertretungen wie die hier geschilderten sind im Coaching absolute »No-Go's«. Wenn Pritt wie ein Guru zu radikaler beruflicher und menschlicher Neuorientierung auffordert und gleichzeitig unternimmt, einen Keil zwischen die ihm nicht zugänglichen Familienmitglieder und seinen Klienten zu treiben, dann kommt dies einer krassen, missbräuchlichen Ausnutzung des Coaching gleich. Da es Pritt vermochte, sich eine gegenüber den Klienten überlegene, autoritäre Position zu verschaffen, entstand eine gefährliche mentale Abhängigkeit. Der in emotionaler Hinsicht äußerst aggressiv vorgehende Coach offerierte attraktiv erscheinende Visionen eines gelingenden Lebens, die mit der faktischen Realität der Klienten nicht allzu viel zu tun hatten. Hemminger zufolge baue sich im Klienten in solchen Situationen »eine sowohl kognitive als auch emotionale Dissonanz zwischen zwei einander ausschließenden Lebensentwürfen auf«. Psychisch sei sie kaum zu ertragen und führe zu extremen Reaktionen wie beispielsweise heftigen Gefühlsausbrüchen ohne entsprechenden Anlass oder panikartigen Kurzschlussreaktionen. Es entstehe der Eindruck, mit der einen oder der anderen Seite seines Beziehungsgefüges radikal brechen zu müssen. Unter Einfluss des »Meisters«, der in den Worten Hemmingers diese Lebensumorientierung »manipulativ aufgenötigt« habe, erwachse eine gefährliche Zwanghaftigkeit. Wer diesem Druck unterliegt, kann in abrupte Kipp- und Panikreaktionen verfallen. Genau dies ist mehrfach bei Pritts Klienten geschehen. Gelegentlich kann es freilich auch zu einer radikalen Distanzierung vom charismatischen Coach kommen.

Pritt bewertet sein Verhalten und seinen Arbeitsstil natürlich völlig anders. Er will, wie in dem Artikel in der Wirtschaftspresse geäußert, nichts Unlauteres darin erkennen, wenn er beispielsweise Ehepartner eines Klienten im Coaching hinzuzieht, nach dem Sexleben selbst bei Business Coachings fragt oder Honorarforderungen für Gespräche stellt, die sein Gegenüber nicht als Teil des Coaching erkannte. Auf diese Weise oder selbst vor Gericht wehrt er sich gegen Vorwürfe an seiner Arbeitspraxis. Dass sich eine ganze Reihe seiner Klienten als Geschädigte ansehen, die nach der verheerenden Coaching- und Beratungsbeziehung vor einem Scherbenhaufen stehen, ist Tatsache. Eigentlich hatten sie Unterstützung gesucht – erhalten hatten sie satte Honorarforderungen für eine Leistung, die allen Gepflogenheiten der Branche Hohn spricht. Pritts Kritiker dokumentieren diese auf Zeugenaussagen beruhenden Einzelfallinformationen systematisch, um einerseits vor ihm warnen und andererseits in Streitfällen gezielt gegen ihn vorgehen zu können. Sie halten ihn aus guten Gründen für einen Scharlatan, für einen, der nicht allein seinen Klienten, sondern seinem Berufsstand schadet. Das alles könnte eigentlich den Stoff für ein Drehbuch zu einem Film über einen Psycho-Meister und alternden Galan von einnehmendem Wesen abgeben, aber hier handelt es sich keineswegs um Fiktion mit Unterhaltungswert.

Der Branchenskandal liegt darin, dass Pritt seit langem und unangefochten den Vorsitz eines Coaching-Verbands innehat. Er hat ihn zu gewisser Bedeutung gebracht, nicht nur allein wegen der in die Hunderte gehenden Mitgliederzahl, sondern auch, weil er im Deutschen Bundestag akkreditiert ist und dort nach eigener Darstellung Lobbyarbeit für das Berufsbild des professionellen Coaches leistet. In dem Verband schaltet und verwaltet er nach Gutsherrenart, etwa indem Kritiker flugs ausgeschlossen und andere wache Geister eingeschüchtert werden. Davon wissen nicht etwa nur Coaches aus anderen Verbänden zu berichten, sondern auch die Mitarbeiter der Kirchenreferate, denen wiederum eine ganze Reihe von Betroffenen namentlich bekannt ist. Längst befassen sich Rechtsanwälte und Gerichte mit dieser Sachlage.

Über den Fortgang der Angelegenheit und etwaige abschließende Klärungen kann noch nichts gesagt werden. Unter dem Strich stellt sich die Frage, wie es möglich ist, dass jemand, der anhaltend mit derartig massiven und wohlbegründeten Vorwürfen konfrontiert ist, einem Verband vorsitzt, der über die Landesgrenzen hinaus vernetzt agiert. Niemand ist schließlich gezwungen, gerade dieser Institution anzugehören, und wenn man auf sein Renommee achtet, sollte das Ansehen des eigenen Verbands über alle Zweifel erhaben sein. Doch offenbar ist das für die Mitglieder von Pritts Verband nicht so wichtig. Aufmerksame Beobachter sehen diesen Fall als Beleg dafür, dass im Coaching effektive Selbstreinigungsmechanismen fehlen. Es hinterlässt einen schalen Nachgeschmack, wenn sich trotz aller Warnungen und Kritik vor selbstherrlichen Coaches nicht wirklich etwas ändert. Will man sich dauerhaft damit abfinden, dass gegen solche eklatanten Auswüchse kein Kraut gewachsen ist?

Zukunftsmusik

Coaching hat Karriere gemacht. Noch vor einem Jahrzehnt bekannte sich kaum jemand in der Öffentlichkeit dazu, diese Dienstleistung in Anspruch zu nehmen. Heute dagegen ist es derartig salonfähig, dass man seinen Coach schon einmal bei Gelegenheit aktiv vorstellt oder ihn weiterempfiehlt. Der Satz »Ich lasse mich coachen« ist kein Augenbrauen hochziehendes Coming Out, sondern ein Zeichen von Potential, denn gemeinhin gilt die Annahme, die Guten ließen sich coachen. Und wenn der Coach zur Oberklasse gehört, ist er für seinen Klienten sogar ein besonderes Aushängeschild. Dr. Bernd Schmid hat diese Entwicklung schon vor einigen Jahren prognostiziert. Der Entwickler der Systemischen Transaktionsanalyse und arrivierte Coach-Ausbilder verlangte: »Coaching muss auch eine handelbare Ware sein.«[134] Das ist es längst, denn die Professionalisierung trägt Früchte. So weit, so schön, doch wie geht es weiter? Zahlreiche Coaches sprechen von einer unausgesetzt boomenden Branche, doch Fakt ist, dass die Schere zwischen Anbietern und Nachfragern zunehmend auseinanderklafft. Da hilft keine wortgewandte Kosmetik, auch wenn es in Teilbereichen wie dem Business Coaching erfreulich einträglich zugeht.

Längst setzt Erhebungen des Artop-Instituts zufolge jede zweite Firma regelmäßig Coaching zur Weiterentwicklung eigener Führungskräfte ein. Dafür werden Summen im dreistelligen Millionenbereich aufgewandt. Unausgesetzt wies die Verlaufskurve nicht nach oben, denn zu Zeiten der Wirtschaftskrise wurden gerade die Budgets für solche externen »nice to have«-Dienstleistungen zusammengestrichen. Mittlerweile gibt es auf dem Sektor des Business Coaching wieder eine spürbare Erholung, was den Ansturm der Neulinge weiter beflügelt. Dem leistet auch Vorschub, dass in Magazinen und Büchern oftmals von generell »üppigen« Honoraren die Rede ist.[135] Der zu erwartende Zuwachs aufseiten der Anbieter ist aber in wirtschaftlicher Hinsicht alles andere als gesund. Was infolgedessen zu erwarten ist, gehört zu den derzeit branchenintern viel diskutierten Fragen. Nicht wenige Anbieter halten den Coaching-Markt bereits gegenwärtig für vollkommen übersättigt. So ist die Hamburgerin Deike Rickmers überzeugt davon, dass sich alsbald viele der jüngeren Anbieter zurückziehen werden, da sie feststellen müssen, dass in dem Feld ohne fundierte Berufserfahrungen und weiterführende Kontakte kaum Geld zu verdienen ist.

»Wann ist ein Coach ein Coach?« – »Schwarze Schafe und Scharlatane sind immer die anderen!« – »Business Coaching wird sich fester etablieren, die anderen Angebote wie Life Coaching werden vergehen.« Diese und ähnliche Sätze sind in der polarisierenden, von Konkurrenzkämpfen durchzogenen Branche gang und gäbe. Das gegenseitige Abwatschen zwischen Business und Life Coaches hält Stephan Ludwig für unangemessen. Er hofft darauf, dass es mittelfristig eine allseits akzeptierte Klammer gibt, die diese beiden Geschäftsbereiche umfasst. Wenn Coaching im Wirtschaftskontext nur dazu diene, die Performance einer Führungskraft zu erhöhen, dann sei das zu wenig, meint der Hamburger. Genauso wie die Ausblendung ökonomischer Aspekte beim Life Coaching. Ludwigs Arbeit als Coach zielt darauf ab, Erfolg und Erfüllung zu fördern. Sieht man den ökonomischen Erfolg als Fundament und die persönliche Erfüllung als Ziel, dann ließen sich in der Tat die beiden wichtigsten Pole der Coaching-Dienstleistungen verknüpfen.

Man kann dies als einen ganzheitlichen Denkanstoß bezeichnen. Ob er Parteigänger in größerer Zahl findet, ist allerdings fraglich. Vielmehr ist damit zu rechnen, dass in Zukunft die Allrounder in den Hintergrund treten. Längst sind die Spezialisten auf dem Vormarsch, die zu ganz bestimmten Fragestellungen konsultiert werden. Um sie für ihre Kunden auffindbar zu machen, gewinnen Datenbanken und Vermittlungsagenturen an Gewicht. Somit wird die Transparenz auf dem bislang so diffusen, atomisierten Markt des Coaching zunehmen.

Fragt man Christopher Rauen nach dem Status der Branche im Jahre 2020, dann erwartet er in etwa Folgendes: Nach dem Abtritt der ersten Coaching-Generation wird kaum jemand mehr am Marktgeschehen teilnehmen, der keine fundierte Ausbildung absolviert hat. Die Firmenkunden werden ihren Einkauf von Coaching weitaus stärker als heute professionalisiert haben. Unter anderem, weil die Personaler der Unternehmen viel intensiver als heute mit Coaching in Berührung gekommen sind und selbst Coaching-Ausbildungen machten, um ihren Blick zu schärfen. Überdies werden große Beratungsunternehmen wie Roland Berger und McKinsey über eigene Unterabteilungen verfügen, die Coaching anbieten, wie das bei Kienbaum bereits der Fall ist.[136] Der generelle Trend gehe dahin, dass Coaches seltener als »Einzelkämpfer« auftreten und stattdessen größeren Unternehmen angehören, die zum Teil international aufgestellt ihre Dienste anbieten.

Anzeichen dafür lassen sich allerorten finden, sowohl

im Großen als auch im Kleinen. Beispielhaft für Letzteres ist etwa das 2008 entstandene Netzwerk Livia in Berlin. Alexandra Kühr und Sandra Szaldowsky weisen als Betriebswirtin und Kulturwissenschaftlerin unterschiedliche berufliche Provenienzen auf und arbeiten auch in verschiedenen Feldern. Beim Livia-Netzwerk sind stets etwa ein Dutzend Anbieter präsent. Damit, so Mitinitiatorin Kühr, möchte man den Klienten und Kunden ein von Einzel-Coachings bis hin zur NLP-Ausbildung reichendes, möglichst breites Leistungsportefeuille offerieren, das den von Veränderungswünschen angetriebenen Klienten – vom Geschäftsführer über den Angestellten bis zum Arbeitsuchenden – all das bietet, was sie benötigen. Überdies können die dort tätigen Coaches und Netzwerkpartner von den vielfältigen Kontaktmöglichkeiten profitieren.

Der einzelne Anbieter wird, obwohl seine eigentliche Arbeit sehr individualisiert und personenbezogen bleibt, angesichts dessen einen immer stärkeren Anpassungsdruck erleben, der ihn in Netzwerke, Verbände oder Coaching-Firmen zwingt. Dabei kann auch der Typus des profilstarken Unternehmers entstehen, der nicht mehr coacht, sondern übergeordnet agiert. Vielleicht träumen einige der heutigen Koryphäen der noch immer jungen Branche davon, eines Tages den eigenen Namen zum Synonym für den Berufsstand zu machen, so wie es Deutschlands bekanntester Unternehmensberater Roland Berger geschafft hat.

All dies liegt freilich nur im Bereich des Möglichen. Manche Coaches glauben aber nicht, dass sich ihre Branche in Form größerer Firmen konsolidieren wird. Wenn es heute fest eingespielt und vielfach bewährt ist, einzelne

Coaches per Empfehlung weiterzureichen, dann muss sich daran gar nichts ändern. Je höher der Klient in der Hierarchie steht, desto individueller ist sein Anspruch. Ernst Neumann, der Coachings vorwiegend für Klienten aus der Geschäftsführungs-, Direktoren- und Vorstandsebene von MDax- und TecDax-Unternehmen durchführt, geht davon aus, dass wohl kaum jemand aus diesem Kreis darauf erpicht sein dürfte, einen Coach aus einer bekannten Beraterfirma zu konsultieren. Schließlich hingen die Erfolgsfaktoren beim Coaching nicht von der Größe eines Unternehmens ab, sondern von Persönlichkeit und methodischer Individualität eines Einzelnen.

Dieser Einschätzung schließt sich auch der Organisationssoziologe Stefan Kühl an. Er erwartet überdies weder, dass es zu Fusionen von Berufsverbänden kommt, noch dass sich ein Verband mit Leuchtturmfunktion durchsetzt und Standards definiert, die allseits verbindlich werden. Vielmehr geht Kühl von einer weiteren Zersplitterung der Branche in immer neue Verbände aus, die ihre Zugangsstandards in einer Art »Überbietungswettbewerb« herunterschrauben, um mehr Mitglieder anzuziehen. Als Konsequenz sieht der Wissenschaftler auch künftig Wirkungsdefizite bei den Coaches. Die Reputationsbildung wird angesichts dessen ein wichtiges Thema bleiben, denn mit dem derzeitigen Status mag sich niemand wirklich abfinden.

In vielen Berufen gelten 50-Jährige als zu alt. Im Coaching ist das anders. Daher üben sich viele der Dienstleister in aufrichtigem Optimismus: Man werde mit den Jahren dank der Erfahrung immer besser und könne möglicherweise sogar bis zu einem Alter von 75 Jahren coachen! Dies sagt Christopher Rauen, der damit noch drei Jahrzehnte vor sich hätte. Mit dem Alter hat mancher Coach allerdings doch seine Schwierigkeiten, wenn er im siebten Lebensjahrzehnt steht. Einer – der in diesem Zusammenhang nicht namentlich genannt werden will – lächelt sich um eine konkrete Altersangabe herum, indem er kokett meint, er sei »seit einigen Jahren« Anfang 60. Unklar ist, ob er damit sein generelles Problem mit dem Altern zu kaschieren sucht oder ob er fürchtet, bei einigen potentiellen Klienten in persönlicher und methodischer Hinsicht als angestaubt zu gelten.

Vor diesem Hintergrund ist gerade die wiederholte oder besser noch die kontinuierliche Fortbildung von Bedeutung. Wer auch in Zukunft professionell fundiert coachen möchte, liest idealerweise viel, vernetzt sich über Verbände mit Kollegen, besucht Tagungen und Follow-up-Kurse, lässt seine Arbeit per Supervision wiederholt kritisch überprüfen und geht »verständig, kritisch, selbstreflexiv, einsichtig, neugierig, lernend, liebevoll und distanziert« mit seinen Klienten um.[137] Eins hat Wolfgang Looss, von dem diese Aufzählung stammt, dabei nicht erwähnt, nämlich dass ein guter Coach imstande sein muss, sich selbst zurückzunehmen und dem Gegenüber Raum zu geben – für viele keine kleine Herausforderung, die eine harte Arbeit an der eigenen Methode erfordert. Deshalb werden Fortbildung und Methodenüberprüfung charakteristische Konstanten der Coaching-Branche bleiben.

Derzeit werden mehr als zehn Prozent aller Umsätze der Coaching-Branche in Deutschland mit Ausbildungsleistungen getätigt. Das hängt nicht nur mit dem permanenten Bedürfnis nach Weiterbildung zusammen, sondern auch mit der Masse von Neulingen. Wie engmaschig das Netz der Ausbildungsanbieter bereits gewoben ist, vergegenwärtigt das Portal coaching-schulen.de. In Zukunft wird noch stärker als bisher der Versuch unternommen, in allen erdenklichen Bereichen rund um Ausbildung und Marketing zu verdienen. So ist zu erwarten, dass weitere »preisoptimierte Kombinationen« der Trainer-, Coach- und Wegbegleiter-Ausbildungen entwickelt werden, wie es schon heute die in Goslar gelegene European Business Ecademy mit dem Master of Business Training (MBT) anbietet.[138]

Bislang bieten staatliche Hochschulen noch keine Studiengänge zur Coaching-Ausbildung an. Vielmehr kann man an universitätsähnlich aufgestellten Bildungseinrichtungen Kurse absolvieren, die mit »Master«-Abschlüssen winken. Beispielhaft dafür steht die Europäische Fernhochschule Hamburg, die von der Verlagsgruppe Klett getragen wird. Beim Abschluss des Ausbildungsgangs der Berliner artop GmbH dagegen, die seit 1997 mit der Humboldt-Universität kooperiert, erwirbt der Absolvent ein Zertifikat als Systemischer Coach. Dies sind freilich nur Vorstufen für künftige Entwicklungen, an denen eine ganze Anzahl von Coaches als universitäre Lehrbeauftragte mitwirken. Man braucht keine prophetische Gabe, um zu erkennen, dass in absehbarer Zeit das Erlernen von Coaching-Methoden und -Kompetenzen zu einem universitären Vermittlungsprozess wird.

Nicht jeder Coach ist von dieser Aussicht angetan. Die Kritikpunkte sind vielfältig: Zum einen werde die Branche unnötig akademisiert. Ob die Vielfalt der Methodenvermittlung wirklich davon profitiere, sei eine offene Frage. Sicher aber würden sich Studierende von der Aussicht auf ein universitäres Coaching-Diplom angezogen fühlen – und vielleicht blenden lassen. Zum anderen wird vermutet, dass sich Coaches zum Universitätsdozenten aufschwingen, um vom Pult aus zu brillieren und ergebene Adlaten heranzuziehen. In der Tat würde eine Coaching-Professur mit einem beträchtlichen Renommee verbunden sein.

Stefanie Heine, Autorin des Portals Coaching Area, macht diesbezüglich darauf aufmerksam, mancher Coach sähe sich, da es »auch ums Ego« ginge, allzu gerne »auf der Kanzel« in einem vollen Hörsaal. Akademisch befriedigter Narzissmus wäre aber nur eine Begleiterscheinung, an die man sich gewöhnen könnte. Wirklich bedenklich wäre, dass einige Dozenten in Versuchung gerieten, von der akademischen Warte aus der Branche die Richtung vorzugeben.[139] Es wird interessant sein zu sehen, inwieweit es den Coaches gelingt, in die Universitäten einzuziehen, und welche Folgen dies zeitigt.

Der Coaching-Prozess selbst wird stärker als bisher durch technische Vermittlungsformen »virtualisiert«. So dürfte das bereits praktizierte Telefon-, Online- oder Video-Coaching vermehrt zum Einsatz kommen. Zum einen ist es für einen Coach einfacher und zeitsparender, den Dialog im Einzel-Coaching am Telefonhörer fortzusetzen. Zum anderen stellt auch für Klienten mit vollem Terminkalender eine persönliche Begegnung geradezu einen Luxus dar, den man sich oft nicht leisten kann. Der Coach wiederum kann im Stile des E-Learning gleich eine größere Zahl von Klienten mit ein und derselben digital verbreiteten Botschaft bedienen, seien es mentale Übungen oder begleitendes Training.

Das Schweizer Unternehmen GROW AG vermarktet unter dem Titel GROWcoach ein Online-Programm, das seine Nutzer »nachhaltig« bei der Entwicklung von Bewusstheit, Verantwortung, Vertrauen und Überwindung von Grenzen unterstützen soll. Der Klient abonniert den Dienst und bekommt in der Premium-Variante über ein Jahr wöchentliche Übungen »zur Begleitung im kontinuierlichen Entwicklungsprozess« zur Verfügung gestellt. Die überschaubaren Kosten von 425 Euro für das Jahresabonnement können bei Mehrfachbuchung für Großkunden sogar rabattiert werden.[140]

Sieht so die schöne neue Welt des Coaching von morgen aus, wo es digitale Schnupperabos und Experten-Botschaften gibt, die im virtuellen Raum kursieren? Was bringt es, vor dem Computerbildschirm Zugang zu Hintergrundinformationen, Texten, Audio- und Videodateien sowie zum »Experten-Chat« mit den Entwicklern und Referenten von GROWcoach wie Jens Corssen und Axel Schmittknecht zu erhalten? Es ist fraglich, ob man bald scharenweise auf Leute treffen wird, die sich im Flugzeug per Smartphone-App oder iPad derartige Coaching-Clips anschauen. E-Coaching kann vor allem für technikaffine Klienten ein akzeptiertes, ergänzendes Element werden, es führt allerdings die eigentliche Idee des Coaching – als individualisierte Form persönlicher Dienstleistung – ad absurdum.

Dennoch, der digitale Trend ist unverkennbar, und er gewinnt an Fahrt. Man kann davon ausgehen, dass etwa die von der angesehenen Dr. Astrid Schreyögg verbreiteten Videos wie »Konflikt-Coaching für neu ernannte Führungskräfte« Nachahmer finden werden.[141] Auf zahlreichen Homepages gibt es schon heute Imagefilme, in denen sich die Coaches präsentieren. Offenkundig betreiben viele diesen kostspieligen Aufwand, da sie der Auffassung sind, darüber ihre Persönlichkeit und ihr Leistungsangebot besser präsentieren zu können. Medientrainer, die als Kommunikations-Coach arbeiten, sind hier natürlich im Vorteil. Aber die klassischen Coaches werden im Hinblick auf ihre Kameraaffinität dazulernen und bald virtuos auf ihren Webseiten und etwa in einem YouTube Coaching-Channel auftreten. Attraktiv ist auch die Möglichkeit des filmischen Mediums, komplexe Methoden wie Systemische Organisations- und Problemaufstellungen sowie ihren Einsatz im Coaching-Kontext vorzustellen. Ein Beispiel dafür ist ein Film von Peter Schlötter, der auf einem Forschungsprojekt der Universität Witten-Herdecke unter der Ägide von Professor Fritz Simon basiert.[142] Letztlich scheint in dieser Branche kaum etwas ausgeschlossen oder in Stein gemeißelt zu sein. Methodische Adaptionen und Neuerungen halten hier in schneller Folge Einzug.

Auch die eigentlichen Anwendungsbereiche von Coaching werden breiter. So ist wahrscheinlich, dass Coaching in Zukunft auch in Parteien, NGOs, der öffentlichen Verwaltung, Universitäten und in Verbänden Fuß fasst. Begonnen hat diese Entwicklung schon längst, und selbst die Bundeswehr steht nicht zurück. Schon zu Zeiten des Verteidigungsministers Rudolf Scharping (2001) wurde die Unternehmensberatung Roland Berger mit einer Analyse und der Implementierung eines teuren »Integrierten Reformmanagements« beauftragt, was einigen Staub in den Kasernen aufgewirbelt hat. Und seit 2004 bieten Offiziere der Bundeswehr-Einrichtung »Zentrum Innere Führung« in Koblenz Coaching an. Ausgehend von der Erkenntnis, dass Amtsautorität von wirklicher Führungskompetenz gedeckt sein müsse, coacht Oberstleutnant Günther Weinbrenner als Chef eines vierköpfigen Teams in Form von »Führungsbegleitung«.[143] Auch in der Schweizer Armee und im Österreichischen Bundesheer wird seit einigen Jahren Coaching im Offizierskorps angewandt. Es wird aber freilich noch einige Jahre dauern, bis sich diese Dienstleistung auf die Ebene von Bataillonen und Kompanien hindurchmäandert hat.

Ein weiterer Trend geht dahin, firmeninternes Coaching als Bestandteil der Personalentwicklung deutlich auszubauen. Dafür erhöhen derzeit viele Großunternehmen die Zahl ihrer Personaler mit zertifizierter Coaching-Ausbildung. Die Einsatzbereiche reichen von Talentförderung bis hin zur Burnout-Prävention. So gehört schon heute sogenanntes kollegiales Coaching zum Standardrepertoire. Dabei tauschen sich Vorgesetzte gemeinsam unter Begleitung eines Coaches über ihr Führungsverhalten aus. Hinzu kommt, dass der Bedarf an speziell ausgebildeten Personalern erkannt wurde, die vorwiegend damit beauftragt sind, überlasteten Führungskräften Hilfe anzubieten.

Eine besondere Variante hat man bei VW entwickelt. Der niedersächsische Autokonzern unterhält ein Personalrekrutierungs- und Weiterbildungsunternehmen mit über 600 Mitarbeitern, das unter dem Namen Volkswagen Coaching arbeitet. Für den Konzern übernimmt Volkswagen Coaching neben der Weiterbildung von Mitarbeitern die Betreuung und Einstellung von Auszubildenden, Trainees und sogenannten Direkteinsteigern. Überdies ist auch Managemententwicklung und persönliches Coaching Teil des Angebots. Sogar Angehörige von Fremdfirmen können diese Dienstleistung nutzen. Reizvoll daran ist, dass sich damit respektable Umsätze erzielen lassen.[144]

Das Modell könnte Schule machen. Warum sollte der anhaltende Bedarf an Coaching immer aufs Neue durch die Hinzuziehung relativ teurer externer Auftragnehmer gedeckt werden, wenn man imstande ist, diese Kompetenz durch eigene Angestellte spezifisch auszubauen und wiederum an Dritte zu verkaufen? Damit würde den bislang überwiegend als selbständige Kleinunternehmer auftretenden Coaches eine beträchtliche Konkurrenz entstehen. Man stelle sich Anbieter vor, die Deutsche Bank Coaching, Bayer Coaching oder Allianz Coaching heißen. Der Nimbus dieser Big Player könnte die Schar der Einzelgänger in den Schatten stellen und den wuchernden Garten in ein Stück industrialisierte Landwirtschaft überführen – allerdings vermutlich nur im Bereich des Coaching in Berufs- und Karrierefragen. Da aber wird auch zukünftig das meiste Geld verdient.

FAZIT

Über allem steht die Frage nach der Effizienz. Inwiefern nützt Coaching den Klienten? Hilft es der Steuerberaterin, die sich mit Zahlen und Gesetzen blendend auskennt, aber nicht hinreichend auf ihre Führungsrolle in der eigenen Kanzlei vorbereitet ist? Versetzt es Eltern tatsächlich in die Lage, mit ihrer halbwüchsigen Tochter wieder in einen auf respektvoller Gegenseitigkeit beruhenden Dialog zu finden? Nützt es der Managerin auf dem Weg nach oben, die gläserne Wand zum Vorstandssessel endlich zu durchbrechen? Kann der Bundeswehrhauptmann über Coaching zur wirklichen Akzeptanz seiner Autorität und zum Ausbau seiner Führungsqualitäten finden? Inwiefern hilft Coaching den Unternehmen und Institutionen, ihre Personalentwicklung zu unterstützen?

Volker von Courbière, einer der Routiniers, sagt: »Coachen hilft. Und sei es, sich selbst besser zu kennen.« Das klingt überzeugend und ein wenig ironisch-distanziert zugleich. Ist die Methode vielleicht doch mehr ein hübsches Accessoire zahlungswilliger Kunden, ein Placebo, das dem Gecoachten kurzfristig ein besseres Gefühl gibt, aber eben doch nicht imstande ist, seine Gewohnheiten und Verhaltensweisen nachhaltig zu modifizieren? Aus einer kritischen Perspektive heraus betrachtet gibt es deutliche Anzeichen dafür, dass Coaching vielen Nutzern der egozentrierten Vergewisserung und Statusaufwertung dient. Überspitzt gesagt: »Ich lasse mich coachen, also bin ich!« Eine freundlichere Betrachtung kommt dagegen zu dem Schluss, dass dank Coaching jedes Jahr Zehntausende ihre Blockaden überwinden, Selbstvertrauen und neue Kraft gewinnen oder Wege entdecken, die es zuvor für sie nicht gab. Die individuelle, psychologisch fundierte Wegbegleitung trägt dazu bei, den eigenen schlechten Gewohnheiten und der Hartleibigkeit des sie umgebenden Milieus zum Trotz, ein besseres Leben zu führen. Vielen nützt Coaching dementsprechend in einer Weise, die den Aufwand an Kosten, Zeit und graduellem Seelenstriptease rechtfertigt.

Klienten gehen ins Coaching, weil sie nach Orientierung in wichtigen Fragen ihres Daseins suchen. Oftmals sind sie allerdings nicht in der Lage, sie gegenüber dem Coach zu formulieren. In dem Fall ist es die Aufgabe des Coaches, das eigentliche Anliegen freizulegen, Ziele zu definieren und dann mittels erprobter Methoden in einen Arbeitsprozess einzusteigen, der bis zu jenem Punkt führt, an dem der Klient seine wirklichen Handlungsalternativen voll überblicken kann. Gelingt dies, so kann das Coaching für den Klienten von unschätzbarem Wert sein.

Im Rückblick können die Klienten mitunter sehr explizit erklären, was ihnen die gemeinsame Arbeit brachte und wie sie das Vorgehen des Coaches empfanden. Nur wenige von ihnen lassen sich zweimal zum gleichen Themenfeld coachen. In der gleichen Verfassung sind sie ohnehin nie. Die Möglichkeit eines direkten Vergleichs ist daher nicht gegeben; man kann eben nicht zweimal in denselben Fluss springen. Wenn ein Klient sagt, er sei infolge des Coachings sicherer in die nächste Krise gegangen, dann bedeutet dies zuallererst eine Bestätigung. Krisen mentaler Art, Krisen von Beziehungen und im Berufsleben wird es immer geben. Davor ist niemand gefeit, auch der nicht, der gecoacht wurde. Wenn Coaching Rüstzeug mit auf den Weg gibt, eben weil man sich besser kennt als zuvor, weil man weiß, ob und wie weit man seine Reaktions- und Handlungsmuster modifizieren kann, dann ist diese Dienstleistung von hohem Wert. Ein Allheilmittel oder Erfolgsgarant ist sie gleichwohl nicht.

Von den vollmundigen Versprechungen, die Coaches oder Ausbildungsanbieter bei ihrer Eigenwerbung häufig machen, wirken einige regelrecht komisch. Wer als »Erfolgscoach« auftritt, sein überschaubares Büro »Institut« oder die Ausbildungseinrichtung »Akademie« nennt, scheint es nötig zu haben – um aufzufallen und um seine Kundschaft zu beeindrucken. Ein guter Coach, so heißt es, soll sich selbst zurücknehmen können. Kluges Understatement ist also gefordert, doch allzu gerne vernachlässigen die Anbieter jegliche Bescheidenheit und nutzen Superlative, um im alltäglichen Überbietungswettbewerb bestehen zu können. Das betrifft beileibe nicht nur minder qualifizierte Schaumschläger, sondern auch etablierte Damen und Herren dieser Branche.

Üblicherweise streben Coaches danach, in jeder Hinsicht glaubwürdig, seriös und kompetent zu sein. Wenn das gelingt, können sie unter Umständen Honorare verdienen, die mitunter atemberaubende Höhen erreichen. Die Nachfrage ist da, sie wächst an verschiedenen Stellen, so dass Coaching – in den Worten Christopher Rauens – »statt selbst eine Modewelle zu sein [...] viele Modewellen hervorgerufen« habe.[145] Die Bandbreite des Angebots hat tatsächlich viel damit zu tun, was seitens der Branche oder der optimierungsgetriebenen Nutzer als »hip« empfunden wird. Wahrscheinlich werden aber Greifvögel, Wölfe oder Lamas weniger zum dauerhaften, elementaren

Repertoire gehören als die Fähigkeit der Coaches, im Gespräch dank ihrer Kenntnisse und Empathie den Klienten wertvolle Fragen stellen und Hinweise geben zu können.

Gelegentlich wird die Frage laut, ob Coaching gefährlich ist, ob man davon möglicherweise manipuliert oder gar abhängig werden könnte. Sofern beim Klienten die Fähigkeit zur Selbststeuerung und eigenständigen Urteilsfähigkeit vorliegt, kann die Frage klar verneint werden. Allerdings gehen auch Leute ins Coaching, die eher zum Therapeuten gehören, und es coachen Anbieter, die ihre fachliche Kompetenz maßlos überschätzen. Darin liegt ein wirkliches Problem. Jemand, der vorgibt, sowohl persönliche Krisen durchlebende Paare als auch Burnout-Gefährdete und Süchtige coachen bzw. »therapieren« zu können, überschreitet die durch Vernunft und Professionalität gesteckten Grenzen. Solche Coaches stellen eine Gefahr dar, denn sie können gravierende Schäden anrichten, und sei es nur, dass sie durch ihre Arbeit die Intervention eines echten Therapeuten hinauszögern.

Der in diesem Buch gebotene Überblick über die Coaching-Branche zeigt, dass derzeit keine wirklichen Gefahren durch Psychosekten oder religiöse Eiferer bestehen. Die Möglichkeit zur Einflussnahme von Coaches, die etwa Scientology angehören, dürfte de facto nur marginal sein, denn die Abschottungsmechanismen auf der Kundenseite und beim Gros der Coaching-Anbieter erscheinen effektiv. Gleichwohl tut die Branche gut daran, die künftige Entwicklung zu beobachten, auch weil es tatsächlich verlockend ist, über Coaching Einfluss auf Entscheider zu gewinnen. Das Gleiche gilt natürlich auch für Mentoren, Consultants und Geistliche, von denen es immer wieder einige schaffen, das Ohr der Mächtigen zu finden.

Von wesentlicher Bedeutung für diese dunkle Seite des Coaching ist die Bereitschaft Einzelner, die Verantwortung für ihr Leben aus der Hand zu geben. Coaches, die aufgrund von Selbst- oder Machtverliebtheit genau das anstreben, gibt es ohne Zweifel, aber es sind die wenigen schwarzen Schafe ihrer Branche. Trotzdem muss der potentielle Klient aufmerksam bleiben und sich immer fragen, was er tatsächlich vom Coach will und was er von ihm bekommt. Durch beständige Selbstreflexion kann man stärker, bewusster und selbstsicherer werden. Das ist fraglos ein Ziel, das jede Anstrengung wert ist. Wer es erreichen möchte und dafür einen Partner benötigt, kann ihn im Coach finden – die Verantwortung jedoch für seine eigenen Entscheidungen kann dieser ihm nicht abnehmen.

ANHANG

Anmerkungen

Hinweis zu den Quellenangaben: Bei erstmaligem Zitat eines Gesprächspartners wird das mit dem Autor geführte Gespräch in den folgenden Endnoten als Quellenangabe mit Datum aufgeführt. Im Fortlauf des Textes wird bei den aus den Gesprächen mit beispielsweise Roland Jäger, Uwe Fenner, Sabine Asgodom oder Christopher Rauen stammenden Zitaten und Schilderungen darauf verzichtet, diese Gesprächsangaben erneut zu nennen. Wenn es abweichende Quellen gibt, etwa Zitate dieser Personen aus veröffentlichten Interviews, Zeitschriftenartikeln und Büchern, wird dies entsprechend in den Endnoten aufgeführt. Ansonsten entstammen die Zitate und Schilderungen dem einmal genannten Gespräch zwischen Gesprächspartner und Autor.

1 Uwe Fenner gegenüber dem Autor, 26. 5. 2010.
2 Gianna Possehl gegenüber dem Autor, 9. 4. 2010.
3 Roland Jäger gegenüber dem Autor, 27. 5. 2010.
4 Vgl. www.coaching-spirale.com
5 Sabine Asgodom gegenüber dem Autor, 10. 6. 2010.
6 Ernst Neumann gegenüber dem Autor, 1. 9. 2010.
7 Dr. Isabella Heuser in der TV-Sendung *Aspekte*, 27. 11. 2009.
8 Michael Stephan, Peter-Paul Gross, Norbert Hildebrandt, Management von Coaching. Organisation und Marketing innovativer Personalentwicklungsdienstleistungen, Stuttgart 2010, S. 186.

9 Martin Sage, Sonja Becker, Coaching. Erfolg im 21. Jahrhundert, Berlin – München – New York 2005, S. 55.
10 Ebd.
11 Ulrike Wolff, Gabriele Müller, Christopher Rauen, Walter Schwertl: Von Freibeutern, Werten, Märkten und Business Coaching. Ein virtueller Dialog, in: *Zeitschrift für systemische Therapie und Beratung*, 1/2008.
12 Ebd.
13 Vgl. http://www.dbvc.de/cms/index.php?id=361
14 Christian Schüle, Das gecoachte Ich. Wer in der globalisierten Welt mitspielen möchte, nimmt sich einen Lebensberater. Ob Manager oder Kindergärtnerin – jeder will sich optimieren, in: *Die Zeit*, 21. 8. 2008.
15 Vgl. Dr. Eva B. Müller, in: http://www.muellercommunications.de/blog/?s=
16 Vgl. Oswald Neuberger, Führen und führen lassen. Ansätze, Ergebnisse und Kritik der Führungsforschung, Berlin 2002.
17 Clemens Schultheis [Name geändert] gegenüber dem Autor, 17. 6. 2010.
18 Wilhelm Backhausen, Jean-Paul Thommen, Coaching. Durch systemisches Denken zu innovativer Personalentwicklung, Wiesbaden 2003, S. 18.
19 John Whitmore, Coaching für die Praxis. Wesentliches für jede Führungskraft, Staufen 2006, S. 17 ff.; http://www.theinnergame.com/about-2/history-of-the-inner-game
20 Vgl. Wolfgang Looss, Unter vier Augen. Coaching für Manager, Landsberg 1991.
21 Stephan, Gross, Hildebrandt, Management von Coaching, 2010, S. 147.
22 Alfons Rissberger gegenüber dem Autor, 2. 9. 2010.
23 Asma Semler gegenüber dem Autor, 6. 9. 2010.
24 Claudia Daeubner gegenüber dem Autor, 3. 9. 2010.
25 Vgl. Studie Universität St. Gallen, Niklas Barwitz, Etienne Baume, Christian Burger, Benedict Köhncke, Christian Küpper, Peter Specht, Pascal Suter, »Bringt Coaching Etwas?« Nutzen von Coaching: MetrixGlobal (2001): 529 % ROI, durch geschätzte Zeiteinsparungen nach Coaching; McGovern (2001): 570 % ROI, 73 % der Ziele laut Teilnehmern sehr oder extrem effektiv erreicht.

26 Vgl. http://www.coaching-report.de/index.php?id=396
27 Vgl. http://www.karin-reuter-coaching.de/content/6.htm
28 Vgl. Thomas A. Harris, Ich bin o.k. – Du bist o.k. Wie wir uns selbst besser verstehen und unsere Einstellung zu anderen verändern können. Eine Einführung in die Transaktionsanalyse, Reinbek 2006.
29 Björn Migge, Handbuch Coaching und Beratung. Wirkungsvolle Modelle, kommentierte Falldarstellungen, zahlreiche Übungen, Weinheim – Basel 2005, S. 343.
30 Dr. Volker von Courbière gegenüber dem Autor, 6. 11. 2009.
31 Claudia Bischof gegenüber dem Autor, 17. 11. 2009.
32 Alexandra Kühr gegenüber dem Autor, 17. 9. 2010; vgl. www.livia-berlin.de
33 Stefan Kühl, Coaching und Supervision. Zur personenorientierten Beratung in Organisationen, Wiesbaden 2008, S. 137.
34 André Schnell [Name geändert] gegenüber dem Autor, 4. 6. 2010.
35 Sabine Asgodom gegenüber dem Autor, 10. 6. 2010.
36 Hans Rudolf Jost gegenüber dem Autor, 18. 6. 2010.
37 Vgl. www.die-coaching-akademie.de
38 Christopher Rauen gegenüber dem Autor, 21. 7. 2010.
39 Vgl. www.osterberginstitut.de
40 Eigenwerbung der Coaching Academie Bielefeld, vgl. www.coaching-gmbh.de
41 Dr. Kai Romhardt gegenüber dem Autor, 11. 8. 2010.
42 Christian Schüle, Die Diktatur der Optimisten, in: *Die Zeit*, 25/2001.
43 Mike Aßmann gegenüber dem Autor, 3. 8. 2010.
44 Stephan, Gross, Hildebrandt, Management von Coaching, 2010, S. 141.
45 Ulrike Wolf u. a., Von Freibeutern ..., in: *Zeitschrift für systemische Therapie und Beratung*, Hf. 1, Januar 2008.
46 Vgl. Sylvia Lipkowski, Kunstvoll coachen: Neue Weiterbildung für Berater, in: *Trainingaktuell*, 12/2009; www.artmapping.de
47 Birgit Schmid, Nimm mich an die Hand. Dank einer boomenden Coach- und Beraterbranche verlernt man so einfache Dinge wie: leben, in: *Das Magazin* [Wochenendbeilage des *Tages-Anzeiger*], 12. 6. 2010; Klaus Werle, Coaching. Die Stunde der Scharlatane, in: *Manager Magazin*, 3/2007.

48 Deike Rickmers gegenüber dem Autor, 8. 7. 2010.
49 Vgl. http://www.cgc.uni-frankfurt.de/download/Nachwuchswissenschaftler%20im%20Fokus%202010.pdf; Johan Schloemann, Drittmittelistik. Ein Desiderat: Universitäten bieten jetzt »Antragscoaching« an, in: *Süddeutsche Zeitung*, 22. 7. 2010.
50 Simone Janson, Der Ausmister. Nischen für Gründer (3): Ein Aufräum-Coach hilft Menschen beim Entrümpeln und Entsorgen, in: *Süddeutsche Zeitung*, 12. 6. 2010.
51 Simone Janson, 30 Chancen für Existenzgründer – Geschäftsfelder mit Zukunft. Erfolgreich selbstständig auch in schwierigen Zeiten. Die sichersten Branchen und Berufe. Mit Tipps und 30 Berufsportraits, München 2010.
52 Nikolaus Röttger, Dress for Success, in: *Financial Times Deutschland*, 5. 12. 2008.
53 http://www.besser-siegmund.de/home.html
54 http://www.wingwave-akademie.de/was_ist_wingwave.html
55 Vgl. Auch die Schornsteinfeger?, in: *Süddeutsche Zeitung*, 1. 4. 2010; Nord-CDU verteidigt Coachings von NDR-Reporter, in: *Segeberger Zeitung*, 26. 3. 2010.
56 Johannes Gernert, Der Adler und die Hühner. Das Comeback des Jürgen Höller, in: *die tageszeitung*, 15. 4. 2009.
57 Vgl. www.juergenhoeller.com; http://www.mycoaching.tv/coach/items/juergen-hoeller.html; Bärbel Schwertfeger, Das Ende der Windmaschine. Motivationsguru Jürgen Höller, in: *Der Spiegel*, 4. 11. 2002.
58 Dr. Kai Hoffmann gegenüber dem Autor, 4. 9. 2010; Kai Hoffmann, Boxen & Managen. Eine Praxisanleitung für Führungskräfte und alle, die geradlinig sein wollen, Berlin 2005, S. 206.
59 Jan Philipp Reemtsma, Mehr als nur ein Champion, Stuttgart 1995.
60 http://www.erfolgreich-mit-coaching.de/13-0-das-lama-als-spiegel.html
61 Vgl. zu Irina Schefer: Thomas Ramge, Der etwas andere Chef, in: *Brand Eins*, 8/2010; www.schefernet.de
62 Christian Rickens, Wasserspieler, in: *Manager Magazin*, 8/2010, S. 126–130.
63 Dr. Michael Utsch gegenüber dem Autor, 13. 7. 2010.
64 Personaler Jörg Schmitz gegenüber dem Autor, 8. 7. 2010.

65 Stephan W. Ludwig gegenüber dem Autor, 12. 8. 2010.
66 http://www.uta-akademie.de/pdf/Coaching%202010.pdf
67 Dr. Hansjörg Hemminger gegenüber dem Autor, 14. 9. 2010.
68 Vgl. »Wirtschaftsbuch 2005«: Ulrich Hemel, Wert und Werte. Ethik für Manager. Ein Leitfaden für die Praxis, München 2007.
69 Vgl. auch Kai Romhardt, Wir sind die Wirtschaft: Achtsam Leben – Sinnvoll Handeln, Bielefeld 2009.
70 http://www.romhardt.com/index.php?page=5&subsite=1
71 Über Romhardts Weg: Christian Weber, Erleuchtung nicht ausgeschlossen, in: *Focus*, 23. 12. 2005.
72 *Spiegel*, 26. 9. 2006; *Focus*, 23. 10. 2008; *chrismon.de*, 12/2008; Sebastian Beck, Fachmann fürs einfache Leben. Wege ins Glück: Der Benediktinermönch Anselm Grün ist einer der erfolgreichsten christlichen Autoren weltweit, in: *Süddeutsche Zeitung*, 24. 3. 2010.
73 Sebastian Beck, Fachmann fürs einfache Leben. Wege ins Glück: Der Benediktinermönch Anselm Grün ist einer der erfolgreichsten christlichen Autoren weltweit, in: *Süddeutsche Zeitung*, 24. 3. 2010.
74 Sibylle Haas, Der Ethik-Ratgeber, in: *Süddeutsche Zeitung*, 5. 2. 2010.
75 Vgl. Martin Glauert, Herr, erbarme Dich und schenke uns unseren Ausgleich. Urlaub im Benediktinerkloster Niederaltaich, in: *FAZ*, 10. 6. 2010.
76 Rüdiger Jungbluth, Ora et consulta, in: *Capital*, 27. 12. 2006.
77 Ebd.
78 Dr. Gerhard Hehl gegenüber dem Autor, 13. 7. 2010.
79 Dietrich Möllner [Name geändert] gegenüber dem Autor, 18. 7. 2010.
80 Charlotte Prinz [Name geändert] gegenüber dem Autor, 16. 12. 2009.
81 Darstellung der Abläufe nach der Schilderung eines Mitarbeiters der Abteilung gegenüber dem Autor, 28. 8. 2010.
82 Clemens Schultheis [Name geändert] gegenüber dem Autor, 17. 6. 2010.
83 Franziska Brüning, Habe fertig. Staublunge und Asbestose verschwinden – neue arbeitsbedingte Leiden wie das Burn-out-Syndrom gelten noch nicht als Berufskrankheit, in: *Süddeutsche Zeitung*, 24. 7. 2010.

84 Asma Semler, Der Coach als Wegbegleiter. Eine Fallgeschichte aus der Sicht von Klient, Coach und Unternehmen, Wiesbaden 2010, S. 184.
85 Klaus Werle, Die Perfektionierer. Warum der Optimierungswahn uns schadet – und wer wirklich davon profitiert, Frankfurt am Main 2010, S. 141, S. 118 f.
86 Miriam Meckel, Brief an mein Leben. Erfahrungen mit einem Burnout, Reinbek 2010, S. 179 f.
87 Hans Rudolf Jost, Best of Bullshit: Worthülsen aus der Teppichetage, Zürich 2009, S. 153.
88 Gisela Maria Freisinger, Helene Endres, Ende der Herrlichkeit, in: *Manager Magazin*, 7/2010, S. 123.
89 Stefan Kühl, Das Scharlatanerieproblem. Coaching zwischen Qualitätsproblemen und Professionalisierungsbemühung. Eine Studie im Auftrag der Deutschen Gesellschaft für Supervision e. V., Köln 2005, S. 14.
90 Ebd., S. 16.
91 Vgl. Diana Grigoriev, www.fontana-coaching.de
92 V. J. gegenüber dem Autor, 7. 6. 2010.
93 Semler, Coach als Wegbegleiter, 2010, S. 179.
94 Stephan, Gross, Hildebrandt, Management von Coaching, 2010, S. 115.
95 Prof. Dr. Stefan Kühl gegenüber dem Autor, 1. 9. 2010.
96 Dr. Jörg Schmitz [Name geändert] gegenüber dem Autor, 8. 7. 2010.
97 Dr. Carola W. Höppner [Name geändert] gegenüber dem Autor, 29. 5. 2010.
98 Dr. Dietrich von Klaeden gegenüber dem Autor, 8. 6. 2010.
99 http://www.coachakademie.ch/ausbildung_lehrgang_seminar/ausbildung/dipl_karriere_coach.php
100 Christopher Rauen, in: *Coaching-Newsletter*, September 2010.
101 Kühl, Coaching und Supervision, 2008, S. 172.
102 Ebd., S. 173.
103 Ebd., S. 163.
104 Werle, Perfektionierer, 2010, S. 199.
105 Corinna Moser, Gut verbandelt? Qualitätssicherung der Coachingverbände, in: *ManagerSeminare*, 11/2008, S. 47–50.
106 Vgl. Bundesverband Deutscher Unternehmensberater e. V.,

Facts & Figures zum Beratermarkt 2009/2010; http://www.bdu.de/home.html
107 Schüle, Das gecoachte Ich, in: *Die Zeit*, 21. 8. 2008.
108 Tobias Moorstedt, Wo geht's lang? Die Welt ist komplex, schnell – und alle sind ratlos. Bis auf einen. Das ist der Coach. Er hat die Lösungen, kennt die Wege und bringt Managern Kung Fu oder das richtige Atmen bei. Oder wie man in der Wildnis und im Büro überlebt, in: *Süddeutsche Zeitung*, 10. 7. 2010.
109 Svenja Gloger, Im Schatten der Mächtigen. Top Executive Coaching, in: *ManagerSeminare*, 1/2010, S. 76; Stephan, Gross, Hildebrandt, Management von Coaching, 2010, S. 151.
110 Adolph Freiherr Knigge. Werke in vier Bänden, herausgegeben von Günter Jung, Michael Rüppel, Christine Schrader, Paul Raabe, Pierre-André Bois und Wolfgang Fenner, Göttingen 2010.
111 Stephan, Gross, Hildebrandt, Management von Coaching, 2010, S. 150.
112 Ebd., S. 151.
113 Gloger, Schatten der Mächtigen, in: *ManagerSeminare*, 1/2010, S. 71.
114 *Manager Magazin*, 5/2002, S. 230.
115 Ulrike Wolf u. a., Von Freibeutern …, in: *Zeitschrift für systemische Therapie und Beratung*, 2008.
116 Vgl. www.coaching-lexikon.de
117 *Coaching Magazin*, 2/2010, S. 62.
118 http://www.dbvc.de/UserFiles/File/senior_coach_dbvc_mitgliedschaftskriterien.pdf
119 *Coaching Magazin*, 2/2010, S. 11.
120 Zitiert nach http://www.horizont-mensch.de/cms/front_content.php?idart=272; vgl. auch www.coaching-verein.de
121 Stephan, Gross, Hildebrandt, Management von Coaching, 2010, S. 187.
122 Schmid, an die Hand, in: *Das Magazin*, 12. 6. 2010.
123 Vgl. Deutscher Bundesverband Coaching e. V. (Hg.), Leitlinien und Empfehlungen für die Entwicklung von Coaching als Profession. Kompendium mit den Professionsstandards des DBVC, 2010.

124 Wolfgang Hirn, Ursula Schwarzer, Der Puppenspieler, in: *Manager Magazin*, 9/2010, S. 8–10.
125 Werle, Scharlatane, in: *Manager Magazin*, 3/2007.
126 Bärbel Schwertfeger, Der Griff nach der Psyche. Was umstrittene Persönlichkeitstrainer in Unternehmen anrichten, Frankfurt am Mai 1998.
127 Bärbel Schwertfeger, Umstrittener Trainingsanbieter firmiert um, in: *wirtschaft & weiterbildung*, Februar 2003; http://www.agpf.de/Block-Training.htm
128 www.hohenbrunner-akademie.de
129 Werle, Perfektionierer, 2010, S. 199.
130 Semler, Coach als Wegbegleiter, 2010, S. 179.
131 Ebd, S. 16.
132 Zum Ziel der Anonymisierung der handelnden Person werden weder Ort noch realer Name genannt. Auch Quellenbelege zu den aufgeführten Zitaten aus der Fachpresse werden vermieden, um den Betreffenden nicht recherchierbar zu machen.
133 Dr. Hansjörg Hemminger gegenüber dem Autor, 14. 9. 2010.
134 Bernd Schmid im Interview mit Thomas Webers, in: *Coaching-Report*, April 2007.
135 Vgl. Werle, Perfektionierer, 2010, S. 118.
136 Vgl. http://www.coaching-board.de/viewtopic.php?f=4&t=486
137 Zitiert nach Semler, Coach als Wegbegleiter, 2010, S. 7.
138 http://www.european-business-ecademy.com
139 Vgl. Kommentar von Stefanie Heine, http://www.horizont-mensch.de/cms/front_content.php?idart=201
140 Vgl. www.grow-akademie.com
141 Vgl. http://www.coaching-videos.de/mediadetails.php
142 Vgl. http://vids.myspace.com/index.cfm?fuseaction=vids.individual&videoid=50671561 – http://vids.myspace.com/index.cfm?fuseaction=vids.individual&videoid=55246991
143 Vgl. Bundeswehr-Millionen für Berater-Honorare, in: *Handelsblatt*, 18. 12. 2003; http://www.bundeswehr.de/portal/a/bwde/streitkraefte/grundlagen/innere_fuehrung/zentrum_innere_fuehrung?yw_contentURL=/C1256EF4002AED30/W26YSKJA338INFODE/content.jsp
144 Vgl. www.volkswagen-coaching.de
145 Christopher Rauen, in: *Coaching Newsletter*, September 2010.

Literaturverzeichnis

Sabine Asgodom, Eigenlob stimmt. Erfolg durch Selbst-PR, Berlin 2006

Wilhelm Backhausen, Jean-Paul Thommen, Coaching. Durch systemisches Denken zu innovativer Personalentwicklung, Wiesbaden 2003

Volker von Courbière, Ich bin Coach, in: Thomas Kreuzer, Holger Tremel (Hg.), Wo Elefanten schwimmen und Lämmer waten. Von Tiefen und Untiefen der Kommunikation. Festgabe für Wolfgang Kroeber, Münster 2010

Deutscher Bundesverband Coaching e. V. (Hg.), Leitlinien und Empfehlungen für die Entwicklung von Coaching als Profession. Kompendium mit den Professionsstandards des DBVC, 2010

Karolina Galdynski, Stefan Kühl (Hg.), Black-Box Beratung? Empirische Studien zu Coaching und Supervision, Wiesbaden 2009

Peter-Paul Gross, Der Coaching-Markt, in: *Coaching-Magazin*, 03/2009, S. 33–37

Peter-Paul Gross, Angebots- und Nachfragestrategien im deutschen Coaching-Markt: Dienstleistungsmarketing in der Personalentwicklung [Diplomarbeit]

Kai Hoffmann, Boxen & Managen. Eine Praxisanleitung für Führungskräfte und alle, die geradlinig sein wollen, Berlin 2005

Hans Rudolf Jost, Best of Bullshit: Worthülsen aus der Teppichetage, Zürich 2009

Stefan Kühl, Coaching und Supervision. Zur personenorientierten Beratung in Organisationen, Wiesbaden 2008

Stefan Kühl, Das Scharlatanerieproblem. Coaching zwischen Qualitätsproblemen und Professionalisierungsbemühung. Eine Studie im Auftrag der Deutschen Gesellschaft für Supervision e. V., Köln 2005

Wolfgang Looss, Unter vier Augen. Coaching für Manager, München 2001

Miriam Meckel, Brief an mein Leben. Erfahrungen mit einem Burnout, Reinbek 2010

Björn Migge, Handbuch Coaching und Beratung. Wirkungsvolle Modelle, kommentierte Falldarstellungen, zahlreiche Übungen, Weinheim – Basel 2005

Sonja Radatz, Einführung in das systemische Coaching, Heidelberg 2006

Christopher Rauen (Hg.), Handbuch Coaching, 3., überarbeitete und erweiterte Auflage, Göttingen 2010

Kai Romhardt, Wir sind die Wirtschaft: Achtsam Leben – Sinnvoll Handeln, Bielefeld 2009

Martin Sage, Sonja Becker, Coaching. Erfolg im 21. Jahrhundert, Berlin – München – New York 2005

Bärbel Schwertfeger, Der Griff nach der Psyche. Was umstrittene Persönlichkeitstrainer in Unternehmen anrichten, Frankfurt am Main 1998

Asma Semler, Der Coach als Wegbegleiter. Eine Fallgeschichte aus der Sicht von Klient, Coach und Unternehmen, Wiesbaden 2010

Michael Stephan, Peter-Paul Gross, Norbert Hildebrandt, Management von Coaching. Organisation und Marketing innovativer Personalentwicklungsdienstleistungen, Stuttgart 2010

Klaus Werle, Die Perfektionierer. Warum der Optimierungswahn uns schadet – und wer wirklich davon profitiert, Frankfurt am Main 2010

John Whitmore, Coaching für die Praxis. Wesentliches für jede Führungskraft, Staufen 2006

Glossar

ADHS-Syndrom
Aufmerksamkeitsdefizit-Hyperaktivitätsstörung: vorwiegend bei Kindern und Jugendlichen vorkommende psychische Störung.

Audit, Auditierung
Überprüfung, Untersuchung, etwa der Qualität von Ausbildungen oder Managementprozessen.

Burnout
Zustand völliger emotionaler Erschöpfung mit reduzierter Leistungsfähigkeit.

Business Coach
Im Unternehmensbereich tätiger Coach, der sich vorwiegend Karriere- und Führungsfragen widmet.

Change Management
Maßnahmen und Tätigkeiten, die eine bereichsübergreifende und inhaltlich weitreichende Veränderung zur Umsetzung neuer Strategien, Strukturen, Prozesse oder Verhaltensweisen in einer Organisation bewirken sollen.

Closed Shop
Geschlossener Kreis von Geschäftsbeziehungen, in den Außenstehende in der Regel nicht eingelassen werden.

Coachee
Klient eines Coaches.

Coaching-Pool
Von Firmenkunden aufgebauter Kreis von Coaches, die bevorzugt beauftragt werden. Zur Aufnahme in den Pool müssen zahlreiche, von der Firma aufgestellte Kriterien erfüllt werden.

Einzel-Coaching
Auf Selbstreflexion und Optimierung zielende ergebnisorientierte, zeitlich befristete Begleitung von Einzelpersonen durch Coaches.

Executive-Coaching
Coaching von Führungskräften.

Headhunting
Personalsuche durch externe Vermittler.

Inneres Team
Persönlichkeitsmodell, das der Psychologe Friedemann Schulz von Thun entwickelte. Darin wird die Pluralität des menschlichen Innenlebens (Impulsgeber, Entscheider, Skeptiker etc.) mit der Metapher eines Teams und seines Leiters (das übergeordnete »Ich«) dargestellt. Da die inneren Stimmen blockieren und lähmen können, wird auf eine ideale Aufstellung der Teammitglieder abgezielt.

Kaltakquise
Direkte Anfrage bei potentiellen Neukunden, meist per Telefon.

Life Coach
Auf private Bereiche fokussierter Coach, oft im Stil eines Wegbegleiters arbeitend, auch als Personal Coach bezeichnet.

Mentoring
Berufsbegleitende Beratung, gelegentlich ausgeübt durch ältere Kollegen oder Vorgesetzte.

NLP
Neurolinguistisches Programmieren: in den 70er Jahren von Richard Bandler und John Grinder entwickeltes Kommunikationsmodell, dem eine Verhaltensanalyse zugrunde liegt. Dabei wird das Verhalten hinsichtlich seiner Muster analysiert und nachvollziehbar gemacht. Wegen des manipulativen Potentials ist NLP als Coaching-Technik zum Teil in Verruf geraten.

Outplacement
Entlassungsbegleitung; eine von Unternehmen finanzierte Dienstleistung für ausscheidende Mitarbeiter als professionelle Hilfe zur beruflichen Neuorientierung.

Sannyasin
Anhänger der Bhagwan-Sekte.

Satsang-Bewegung
Von Indien ausgehende Selbsterfahrungsrichtung, bei der der Einzelne während der Zusammenkunft einer Gruppe mit einem spirituellen Lehrer zu persönlicher Reflexion finden soll.

Senior Coach
Personen, die eine umfassende professionelle Coaching-Ausbildung absolviert haben und über langjährige Berufserfahrung als Coach verfügen, werden von Verbänden als Senior Coach bezeichnet.

Systemisches Coaching
Systemisches Coaching, auch als systemisch-konstruktivistisches Coaching bezeichnet, betrachtet die Interaktion in einem »System« von mindestens zwei Personen. Beabsichtigt ist, die Selbstorganisationsfähigkeit des Klienten wiederherzustellen bzw. zu optimieren. Dabei knüpft die Methode direkt an seinem Handlungspotential an, erschließt ihr aber überdies neue Ideen sowie psychologische und interaktionelle Kompetenzen.

Supervision
Prozessbezogene Beratung in Organisationen, wobei dem Reflexionsprozess höhere Bedeutung beigemessen wird als der Umsetzung der Ziele. Supervision wurde ursprünglich vorwiegend im Sozialbereich ausgeübt. Die Durchführung erfolgt durch Supervisoren in Einzel- oder Kleingruppensitzungen.

Top-Executive-Coaching
Coaching von Vorständen und Inhabern.

Transaktionsanalyse
Aus der Psychoanalyse abgeleitete Theorie des Psychiaters Eric Berne. Das darauf basierende, von Thomas A. Harris popularisierte psychotherapeutische Verfahren wird auch im Coaching angewandt.

Homepages und Verbände

Homepages

Sofern im Text von Internetseiten zitiert wird, sind diese in den Quellenangaben genannt. Intensiver genutzte oder vom Autor als weiterführend erachtete Homepages sowie die Seiten der im Buch zitierten Interviewpartner sind hier aufgelistet:

artop GmbH, Berlin – www.artop.de

Sabine Asgodom – www.asgodom.de

Mike Aßmann, Bielefeld – www.clientproduction.com

Uwe Böning – www.boening-consult.com

Change Factory Unternehmensberatung, Zürich – www.change-factory.com

Coaching Spirale, Berlin – www.coaching-spirale.com

Courbière Gesellschaft für Personal Expertising, Köln – www.courbiere.de

Uwe Fenner, Berlin – www.uwefenner.de

Jürgen Höller, Schweinfurt – www.juergenhoeller.com

Dr. Kai Hoffmann, Frankfurt – www.dr-kai-hoffmann.de

Integral Coach Academy, Berlin –
www.integralcoachacademy.org

Roland Jäger, RJ Management, Wiesbaden –
www.konsequent-fuehren.de

Prof. Dr. Stefan Kühl, Bielefeld –
www.uni-bielefeld.de/soz/forschung/orgsoz/
Stefan_Kuehl/

Alexandra Kühr, Berlin – www.livia-berlin.de

Dr. Wolfgang Looss – www.looss-consult.de

Stephan W. Ludwig, Hamburg – www.IECoaching.de –
www.integralis-akademie.de

Ernst Neumann, Mitterteich – www.mci-consulting.com

Osterberg Institut, Niederkleveez –
www.osterberginstitut.de

Gianna Possehl, Hamburg – www.basic-hamburg.de

Putzier Consulting, Berlin – www.putzier-consulting.de

Christopher Rauen, Osnabrück – www.rauen.de

Deike Rickmers, Hamburg –
www.deike-rickmers-partner.de

Dipl.-Ing. Alfons Rissberger, Schwerin –
www.rissberger.de

Dr. Kai Romhardt, Berlin – www.romhardt.com

Dr. Astrid Schreyögg – www.schreyoegg.de

Asma Semler, Hamburg –
www.zenon-human-development.de

Prof. Dr. Fritz B. Simon – www.fritz-simon.de

Dr. Ulrike Wolff, Berlin –
www.wolff-managementberatung.de

Coaching-Verbände und Organisationen für Coaches

Deutschland:
BaTB – Bundesverband ausgebildeter Trainer und Berater e. V. (gegr. 2005)

BDP – Berufsverband Deutscher Psychologinnen und Psychologen e. V. (gegr. 1946)

BDVT – Berufsverband für Trainer, Berater und Coaches e. V. (gegr. 1964)

DBVC – Deutscher Bundesverband Coaching e. V. (gegr. 2004)

DCG – Deutsche Coaching Gesellschaft e. V. (gegr. 2006)

DCV – Deutscher Coaching Verband e. V. (gegr. 2005)

Deutscher NLP Coaching Verband e. V. (gegr. 2005)

DFC – Deutscher Fachverband Coaching (gegr. 2009)

DGFB – Deutsche Gesellschaft für Beratung e. V. (Dachverband von derzeit 31 Verbänden)

DGfC – Deutsche Gesellschaft für Coaching e. V. (gegr. 2002)

DGSv – Deutsche Gesellschaft für Supervision e. V. (gegr. 1989)

dvct – Deutscher Verband für Coaching und Training e. V. (gegr. 2003)

DVNLP – Deutscher Verband für Neuro-Linguistisches Programmieren e. V. (gegr. 1996)

DVWO – Dachverband der Weiterbildungsorganisationen e. V. (gegr. 2002)

EAS – European Association for Supervision e. V.

ECA – European Coaching Association Berufsverband e. V. (gegr. 1994)

ECI – European Coaching Institute (gegr. 1999)

EMCC – European Mentoring & Coaching Council (gegr. 1994)

ICF – International Coach Federation Deutschland e. V. (gegr. 1992)

ProC – Professional Coaching Association (gegr. 2004)

QRC – Qualitätsring Coaching und Beratung e. V. (gegr. 2004)

T.O.C. – Berufsverband für Training, Organisationsberatung und Coaching e. V. (gegr. 1991)

Österreich:
ACC – Austrian Coaching Council. Österreichischer Dachverband für Coaching (gegr. 2002)

EGC – Europäische Gesellschaft für Coaching (gegr. 2003)

ICF Austria – International Coach Federation Austria (gegr. 2002)

Schweiz:
BSO – Berufsverband für Supervision, Organisationsberatung und Coaching (gegr. 1976)

ICF Schweiz – International Coach Federation Schweiz (gegr. 2003)

SCA – Swiss Coaching Association (gegr. 2000)

Nachbemerkung und Dank

Wie geht man vor, wenn man ein Buch über die Coaching-Branche schreiben will und ihr nicht selber angehört? – Sicher, man benötigt Neugierde, Lust an der Recherche, gute Empfehlungen und Interviewtalent, etwas Chuzpe und viel Ausdauer. Ausschlaggebend war aber, dass Coaches, Verbandsvertreter, Klienten und Personaler zu intensiven Gesprächen bereit waren und mir ihre individuellen Erfahrungen sowie ihre professionelle Sicht auf die Arbeitsmethoden und die Branche mitteilten. Wer als Coach über 200 Euro für eine Stunde berechnet, überlegt sich natürlich gut, ob es sich für ihn lohnt, ein längeres Interview mit einem Buchautor zu führen. Was hat er davon? Gibt es womöglich einen werblichen Effekt, wenn er zitiert wird und sein Name zwischen den Buchdeckeln auftaucht? Oder erwartet er etwa selbst einen Erkenntnisgewinn aus dem Gespräch mit einem Außenseiter?

Was auch immer die Gründe dafür waren, dass mir Coaches ihre Zeit widmeten, Fragen im persönlichen Gespräch oder einfach per Mail und Telefon beantworteten: Für die dabei bewiesene Offenheit und das Vertrauen bin ich ihnen zu Dank verpflichtet. Dass es auch anders gehen kann, erlebte ich bei einem Gespräch mit einer Dame, die über langjährige Berufserfahrung im Coaching verfügt. Namentlich möchte ich sie nicht nennen, aber ich möchte hier beschreiben, was sich abspielte, denn auch das scheint mir von Interesse: Ein Coach empfahl mir, mit der Dame, die im Business Coaching und in der Ausbildung tätig ist, Kontakt aufzunehmen. Ich schrieb einen Brief, in dem ich mein Anliegen kurz skizzierte und um ein Interview bat. Per Mail erhielt ich bald darauf eine Antwort, die die Tür einen Spalt weit öffnete: »… ich bekomme viele Anfragen, für Hintergrundgespräche oder Interviews zur Verfügung zu stehen. Aber kaum jemand macht sich die Mühe, einen Brief zu schreiben. Damit haben Sie ein Entree – zumindest für ein Sondierungstelefonat.« So weit, so schön. Zügig wurde ein Gesprächstermin über das Sekretariat vereinbart.

Als ich im Büro erschien, entspann sich ein längerer Dialog mit der Chefin. Sie bezeichnete dies ausdrücklich nicht als Interview, sondern als Vorgespräch. Die Dame wollte erst danach entscheiden, ob sie von mir interviewt werden wollte. So musste ich Fragen beantworten, die im gewissen Sinne Prüfungscharakter hatten: Mit wem aus der Branche hatte ich bereits gesprochen? Welche Zielgruppen haben der Verlag und ich im Auge? Wie lauten die Kernbotschaften des Buches und sein Titel? Was würde sie davon haben, wenn sie im Buch genannt oder zitiert würde? So ging es munter weiter.

Am Ende wurden mir Bedingungen gestellt: Über die Bereitschaft zum Interview werde nur nach Vorlage bereits fertiger Kapitel sowie nach exakter Angabe von Buchtitel und Kreis der Interviewten entschieden. Überdies wurde gefordert, dass sie nicht nur Zitate zur Autorisierung vor dem Abschluss des Manuskripts vorgelegt bekäme, sondern dass ich ihr sogar das Recht zur verbindlichen Redigierung, Kürzung und Erweiterung der auf dem Interview basierenden Passagen einräume. Schließlich, sagte sie mir, sei sie ein gebranntes Kind und hätte schon schlechte Erfahrungen mit aus dem Kontext gerissenen Zitaten gemacht. Dies also seien die Bedingungen, darunter würde sie es nicht machen.

Unnötig zu sagen, dass ich unverrichteter Dinge wieder abzog. Umso erfreuter war ich, dass dies die einzige negative Erfahrung blieb, die ich während meiner Recherche gemacht habe. Keiner der von mir Angesprochenen hat sich derart geziert oder misstrauisch gezeigt. Egal auf welcher Seite des Geschäfts sie standen, sie waren kooperationsbereit und mitteilungsfreudig. Niemand sonst bestand auf einem 80-minütigen Vorgespräch, nur um zu klären, ob ein Interview in Frage käme.

Die Offenheit meiner professionellen Gesprächspartner – oder eben auch derjenigen, mit denen der Dialog über Telefon und gemailtem Fragekatalog ablief – bildet das Fundament dieses Buches, und ich darf hoffen, dass sich die Leser, seien es am Coaching und seinen verschiedensten Ausprägungen generell Interessierte oder Klienten, Personaler, Coaches und deren Ausbilder, durch die Lektüre bereichert und aufgeklärt fühlen. Ob das Interview mit der ungenannten Dame wirklich fehlt?

Nicht alle, die sich zu Gesprächen mit mir bereit fanden, wollten namentlich genannt werden. Selbstverständlich bin ich ihnen wie den im Folgenden aufgeführten Personen zu Dank verpflichtet. Konkret nennen möchte ich: Sabine Asgodom, Mike Aßmann, Claudia Bischof, Dr. Volker von Courbière, Claudia Daeubner, Dr. Gerhard Hehl, Uwe Fenner, Dr. Hansjörg Hemminger, Dr. Kai Hoffmann, Roland Jäger, Hans Rudolf Jost, Dr. Dietrich von Klaeden, Prof. Dr. Stefan Kühl, Alexandra Kühr, Stephan W. Ludwig, Tell Münzing, Ernst Neumann, Sabina Pech, Gianna Possehl, Dorothée Putzier, Christopher Rauen, Deike Rickmers, Dipl.-Ing. Alfons Rissberger, Dr. Kai Romhardt, Asma Semler, Dr. Birgit Schmid, Dr. Michael Utsch, Klaus Werle sowie meine Freunde, die mir ihre konkreten Erfahrungen mit Coaching mitteilten.

Jürgen Diessl, dem Programmleiter von Econ, danke ich für sein Interesse an dem Projekt und dafür, dass er mir gemeinsam mit seinem Lektorat manche Tür zu wichtigen Mitspielern der Coaching-Branche öffnete. Am Anfang all dessen aber stand Stefanie Püschel, die als Personalentwicklerin mit großem Interesse an Coaching den Anstoß dazu gab, dass ich meine Aufmerksamkeit auf dieses Feld richtete. Ihr sei besonders gedankt für Impulse, Kontakte, Kontextualisierungen und nicht zuletzt die kritische Begleitung dieses Projekts.

Die Wiederentdeckung einer vergessenen Tugend

René Borbonus · **Respekt!**
Wie Sie Ansehen bei Freund und Feind gewinnen
304 Seiten, Klappenbroschur
€ [D] 18,00 · € [A] 18,50
ISBN 978-3-430-20110-0

Egoismus und Intoleranz greifen in unserer Gesellschaft zunehmend um sich. Ob im Kampf um den Arbeitsplatz oder bei familiären Auseinandersetzungen – immer mehr Menschen verfolgen rücksichtslos die eigenen Interessen. Doch wer beruflich und privat langfristig etwas erreichen will, der muss seinen Mitmenschen mit Respekt beggenen. René Borbonus zeigt, wie man mit Selbstbeherrschung, Konfliktfähigkeit und Überzeugungskraft auch in schwierigen Situationen besteht.

Nur wer lernt, mit anderen respektvoll umzugehen, wird am Ende selbst Respekt und Anerkennung gewinnen – und so leichter seine Ziele erreichen.

Das raffinierte Spiel mit der Macht

Regina Michalik · **Intrige**
Machtspiele – wie sie funktionieren – wie man sie durchschaut –
was man dagegen tun kann
224 Seiten, Klappenbroschur
€ [D] 16,99 · € [A] 17,50
ISBN 978-3-430-20099-8

Wenn hinterlistige Kollegen und heimtückische Chefs ihre Machtspiele aushecken, stehen Existenzen auf dem Spiel. Denn Intriganten sind gute Strategen. Sie gewinnen Verbündete und setzen ihre Pläne durch Mobbing, Gerüchte und falsches Lob um. Doch es gibt Gegenstrategien. Anhand vieler Fallbeispiele und eines Zehn-Schritte-Programms erklärt Regina Michalik, woran Sie Intrigen erkennen und was Sie dagegen tun können.

Econ